网络空间安全重点规划丛书

无线网络安全实验指导

杨东晓 孙浩 王翠 谢艳平 编著

清华大学出版社
北京

内 容 简 介

本书为"无线网络安全"课程的配套实验指导教材。全书共分为 2 章,主要内容包括移动终端安全和移动安全无线入侵防御。

本书由奇安信集团联合高校针对高校网络空间安全专业的教学规划组织编写,既适合作为高校网络空间安全、信息安全等相关专业的本科生实验教材,也适合作为网络空间安全相关领域研究人员的基础读物。

图书在版编目(CIP)数据

无线网络安全实验指导/杨东晓等编著.—北京:清华大学出版社,2021.2(2022.2重印)
(网络空间安全重点规划丛书)
ISBN 978-7-302-57281-7

Ⅰ.①无… Ⅱ.①杨… Ⅲ.①无线网—网络安全—实验—教学参考资料 Ⅳ.①TN926-33

中国版本图书馆 CIP 数据核字(2021)第 005046 号

责任编辑:张 民 薛 阳
封面设计:常雪影
责任校对:焦丽丽
责任印制:沈 露

出版发行:清华大学出版社
　　　　网　　　址:http://www.tup.com.cn,http://www.wqbook.com
　　　　地　　　址:北京清华大学学研大厦 A 座　　　　　　邮　　编:100084
　　　　社 总 机:010-62770175　　　　　　　　　　　　邮　　购:010-83470235
　　　　投稿与读者服务:010-62776969,c-service@tup.tsinghua.edu.cn
　　　　质量反馈:010-62772015,zhiliang@tup.tsinghua.edu.cn
　　　　课件下载:http://www.tup.com.cn,010-83470236

印 装 者:北京富博印刷有限公司
经　销:全国新华书店
开　本:185mm×260mm　　　　印　张:12.5　　　字　数:283 千字
版　次:2021 年 2 月第 1 版　　　　　　　　　　　印　次:2022 年 2 月第 2 次印刷
定　价:39.00 元

产品编号:085321-01

网络空间安全重点规划丛书

编审委员会

顾问委员会主任：沈昌祥（中国工程院院士）

特别顾问：姚期智（美国国家科学院院士、美国人文与科学院院士、
中国科学院院士、"图灵奖"获得者）

何德全（中国工程院院士）　　蔡吉人（中国工程院院士）

方滨兴（中国工程院院士）　　吴建平（中国工程院院士）

王小云（中国科学院院士）　　管晓宏（中国科学院院士）

冯登国（中国科学院院士）　　王怀民（中国科学院院士）

主　　任：封化民

副 主 任：李建华　俞能海　韩　臻　张焕国

委　　员：（排名不分先后）

蔡晶晶	曹珍富	陈克非	陈兴蜀	杜瑞颖	杜跃进
段海新	范　红	高　岭	宫　力	谷大武	何大可
侯整风	胡爱群	胡道元	黄继武	黄刘生	荆继武
寇卫东	来学嘉	李　晖	刘建伟	刘建亚	罗　平
马建峰	毛文波	潘柱廷	裴定一	钱德沛	秦玉海
秦　拯	秦志光	仇保利	任　奎	石文昌	汪烈军
王劲松	王　军	王丽娜	王美琴	王清贤	王伟平
王新梅	王育民	魏建国	翁　健	吴晓平	吴云坤
徐　明	许　进	徐文渊	严　明	杨　波	杨　庚
杨义先	于　旸	张功萱	张红旗	张宏莉	张敏情
张玉清	郑　东	周福才	周世杰	左英男	

秘 书 长：张　民

出版说明

21世纪是信息时代,信息已成为社会发展的重要战略资源,社会的信息化已成为当今世界发展的潮流和核心,而信息安全在信息社会中将扮演极为重要的角色,它会直接关系到国家安全、企业经营和人们的日常生活。随着信息安全产业的快速发展,全球对信息安全人才的需求量不断增加,但我国目前信息安全人才极度匮乏,远远不能满足金融、商业、公安、军事和政府等部门的需求。要解决供需矛盾,必须加快信息安全人才的培养,以满足社会对信息安全人才的需求。为此,教育部继2001年批准在武汉大学开设信息安全本科专业之后,又批准了多所高等院校设立信息安全本科专业,而且许多高校和科研院所已设立了信息安全方向的具有硕士和博士学位授予权的学科点。

信息安全是计算机、通信、物理、数学等领域的交叉学科,对于这一新兴学科的培养模式和课程设置,各高校普遍缺乏经验,因此中国计算机学会教育专业委员会和清华大学出版社联合主办了"信息安全专业教育教学研讨会"等一系列研讨活动,并成立了"高等院校信息安全专业系列教材"编审委员会,由我国信息安全领域著名专家肖国镇教授担任编委会主任,指导"高等院校信息安全专业系列教材"的编写工作。编委会本着研究先行的指导原则,认真研讨国内外高等院校信息安全专业的教学体系和课程设置,进行了大量具有前瞻性的研究工作,而且这种研究工作将随着我国信息安全专业的发展不断深入。系列教材的作者都是既在本专业领域有深厚的学术造诣,又在教学第一线有丰富的教学经验的学者、专家。

该系列教材是我国第一套专门针对信息安全专业的教材,其特点是:

① 体系完整、结构合理、内容先进。

② 适应面广:能够满足信息安全、计算机、通信工程等相关专业对信息安全领域课程的教材要求。

③ 立体配套:除主教材外,还配有多媒体电子教案、习题与实验指导等。

④ 版本更新及时,紧跟科学技术的新发展。

在全力做好本版教材,满足学生用书的基础上,还经由专家的推荐和审定,遴选了一批国外信息安全领域优秀的教材加入系列教材中,以进一步满足大家对外版书的需求。"高等院校信息安全专业系列教材"已于2006年年初正式列入普通高等教育"十一五"国家级教材规划。

2007年6月,教育部高等学校信息安全类专业教学指导委员会成立大会暨第一次会议在北京胜利召开。本次会议由教育部高等学校信息安全类专业教学指导委员会主任单位北京工业大学和北京电子科技学院主办,清华大学出版社协办。教育部高等学校信息安全类专业教学指导委员会的成立对我国信息安全专业的发展起到重要的指导和推动作用。2006 年,教育部给武汉大学下达了"信息安全专业指导性专业规范研制"的教学科研项目。2007 年起,该项目由教育部高等学校信息安全类专业教学指导委员会组织实施。在高教司和教指委的指导下,项目组团结一致,努力工作,克服困难,历时 5 年,制定出我国第一个信息安全专业指导性专业规范,于 2012 年年底通过经教育部高等教育司理工科教育处授权组织的专家组评审,并且已经得到武汉大学等许多高校的实际使用。2013 年,新一届教育部高等学校信息安全专业教学指导委员会成立。经组织审查和研究决定,2014 年,以教育部高等学校信息安全专业教学指导委员会的名义正式发布《高等学校信息安全专业指导性专业规范》(由清华大学出版社正式出版)。

2015 年 6 月,国务院学位委员会、教育部出台增设"网络空间安全"为一级学科的决定,将高校培养网络空间安全人才提到新的高度。2016 年 6 月,中央网络安全和信息化领导小组办公室(下文简称"中央网信办")、国家发展和改革委员会、教育部、科学技术部、工业和信息化部及人力资源和社会保障部六大部门联合发布《关于加强网络安全学科建设和人才培养的意见》(中网办发文〔2016〕4 号)。2019 年 6 月,教育部高等学校网络空间安全专业教学指导委员会召开成立大会。为贯彻落实《关于加强网络安全学科建设和人才培养的意见》,进一步深化高等教育教学改革,促进网络安全学科专业建设和人才培养,促进网络空间安全相关核心课程和教材建设,在教育部高等学校网络空间安全专业教学指导委员会和中央网信办组织的"网络空间安全教材体系建设研究"课题组的指导下,启动了"网络空间安全重点规划丛书"的工作,由教育部高等学校网络空间安全专业教学指导委员会秘书长封化民教授担任编委会主任。本规划丛书基于"高等院校信息安全专业系列教材"坚实的工作基础和成果、阵容强大的编审委员会和优秀的作者队伍,目前已有多部图书获得中央网信办与教育部指导和组织评选的"网络安全优秀教材奖",以及"普通高等教育本科国家级规划教材""普通高等教育精品教材""中国大学出版社图书奖"等多个奖项。

"网络空间安全重点规划丛书"将根据《高等学校信息安全专业指导性专业规范》(及后续版本)和相关教材建设课题组的研究成果不断更新和扩展,进一步体现科学性、系统性和新颖性,及时反映教学改革和课程建设的新成果,并随着我国网络空间安全学科的发展不断完善,力争为我国网络空间安全相关学科专业的本科和研究生教材建设、学术出版与人才培养做出更大的贡献。

我们的 E-mail 地址是:zhangm@tup.tsinghua.edu.cn,联系人:张民。

"网络空间安全重点规划丛书"编审委员会

前　言

　　没有网络安全,就没有国家安全;没有网络安全人才,就没有网络安全。

　　为了更多、更快、更好地培养网络安全人才,如今,许多学校都在加大各方面的投入,聘请优秀老师,招收优秀学生,建设一流的网络空间专业。

　　网络空间安全专业建设需要体系化的培养方案、系统化的专业教材和专业化的师资队伍。优秀教材是网络空间安全专业人才的关键,但这却是一项十分艰巨的任务,原因有二:其一,网络空间安全的涉及面非常广,至少包括密码学、数学、计算机、通信工程等多门学科,其知识体系庞杂、难以梳理;其二,网络空间安全的实践性很强,技术发展更新非常快,对环境和师资要求也很高。

　　本书为《无线网络安全》的配套实验教材,通过实践教学,设计不同规模的中小企业典型网络拓扑,并将这些拓扑实际部署到无线网络安全及移动设备管理应用场景中,理解和掌握无线网络基本的网络拓扑和配置方法,培养学生无线网络安全部署以及终端管理能力,提高学生网络空间安全的综合能力。

　　本书分为两章,第 1 章介绍移动终端安全,第 2 章介绍移动安全无线入侵防御。

　　本书编写过程中得到奇安信集团张春雷、顾为群、裴智勇、翟胜军和北京邮电大学雷敏等专家学者的鼎力支持,在此对他们的工作表示衷心的感谢!

　　本书适合作为高校网络空间安全、信息安全等相关专业的教材。随着新技术的不断发展,今后将不断更新图书内容。

　　由于作者水平有限,书中难免存在疏漏和不妥之处,欢迎读者批评指正。

作　者
2020 年 10 月

目　录

第1章

移动终端安全

奇安信移动终端安全管理系统是奇安信集团面向政府、金融、运营商、能源、制造等企业推出的新一代企业级移动终端安全管理系统,基于奇安信集团在海量移动终端上的安全技术与运营经验,为客户移动终端在使用企业资源时,提供从硬件、OS、应用、数据到链路等多层次安全防护方案,确保企业数据和应用在移动终端上的安全性。

移动终端安全管理系统采用多层级纵深攻防方法,全面保护高价值数据资产和移动信息的安全性;采用设备准入罚出策略,对移动终端进行准入控制,只有满足准入标准和安全性检查的终端才被准许接入网络,对违规终端第一时间实行违规处罚,有效确保企业网络的安全性;采用数据公私隔离策略,使用动态沙箱技术在移动终端上建立独立工作区,将企业的敏感数据隔离,个人信息进行加密存储,避免企业数据泄漏;构建企业级应用市场,对应用实施安全性检测和加固封装,排除恶意应用和盗版应用风险,避免因应用市场的良莠不齐,使用恶意应用对企业资产和信息造成侵害;对应用进行木马查杀,采用本地查杀和云查杀双核查杀引擎,对移动终端上已安装的应用软件和安装包进行全面扫描,精准查杀,并实时监控正在安装的应用软件,全面保证移动终端运行环境的安全性,避免恶意应用给企业资产和数据信息带来的严重危害。

1.1 用户管理

1.1.1 用户管理实验

【实验目的】
掌握移动终端安全管理系统的用户管理操作。

【知识点】
用户管理、手动添加、批量添加。

【场景描述】
A公司为提高移动办公安全配置了移动终端安全管理系统,在系统上线之前,需要将各部门的用户添加到移动终端安全管理系统中,由于人员较多,运维工程师小李需要将账号批量导入系统中;后期由于又有新的员工入职,需要添加新员工的账号,小李该如何操作呢？

【实验原理】

管理员可通过移动终端安全管理系统的"用户管理"模块对用户进行管理，包括添加、删除用户。添加用户有两种方式，分别是手动添加和批量添加。

【实验设备】

安全设备：移动终端安全管理系统设备 1 台。

网络设备：无线 AP 1 台。

移动终端：Android 手机 1 台。

主机终端：Windows 7 主机 1 台。

【实验拓扑】

实验拓扑如图 1-1 所示。

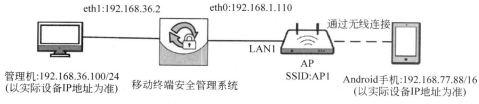

图 1-1 用户管理实验拓扑图

【实验思路】

（1）进入移动终端安全管理系统。

（2）在"用户管理"模块中进行手动添加用户操作。

（3）在"用户管理"模块中进行批量添加用户操作。

【实验步骤】

（1）在实验平台对应实验拓扑左侧的管理机中打开浏览器，在地址栏中输入移动安全终端设备的地址 https://192.168.36.2，在登录界面中输入对应的管理员账号 admin、密码 tianji 和验证码（以实际的账号和密码为准），单击"登录"按钮，即可进入控制台管理界面进行相应的管理员操作，如图 1-2 所示。

（2）选择面板左侧导航栏中的"用户管理"→"用户管理"菜单命令，进入"用户管理"界面，如图 1-3 所示。

（3）在"用户管理"界面中，单击"添加用户"按钮，共有 3 种添加方式，包括"手动添加""批量导入"及"LDAP 导入"。选择"手动添加"菜单命令，如图 1-4 所示。

（4）在"手动添加用户"界面中，输入对应的用户属性信息，输入用户名为"zhang"，输入邮箱为"zhang@gongsi.cn"，输入用户手机号码为"13112345272"，用户所属分组为"未分组"，取消勾选"发送邮件激活"和"发送短信激活"复选框，其他保留默认配置，单击"确认"按钮，如图 1-5 所示。

（5）返回"用户管理"界面，可见成功添加的 zhang 用户，其"激活码"为 33518288，后

图 1-2　登录 Web 管理界面

图 1-3　进入"用户管理"界面

图 1-4　选择"手动添加"菜单命令

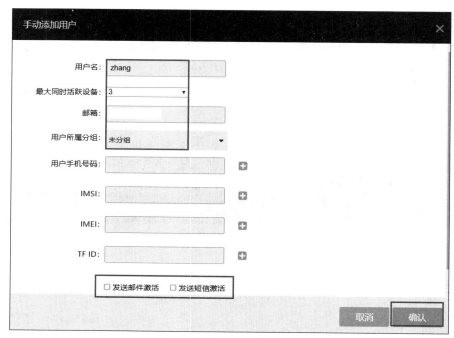

图 1-5　手动添加用户

面注册连接的设备均需要此激活码,如图 1-6 所示。

图 1-6　手动添加用户操作结果

(6) 选择"添加用户"→"批量导入"菜单命令,如图 1-7 所示。

图 1-7　选择"批量导入"菜单命令

（7）在"批量导入用户"界面中，选择"下载 XLS 文件模板"菜单命令，如图 1-8 所示。

图 1-8　下载模板

（8）将下载好的模板保存至"C:\天机实验"中，如图 1-9 所示。

图 1-9　将模板放至指定路径

（9）双击打开"C:\天机实验"下的"导入用户模板.xls"文件，如图 1-10 所示。

图 1-10　打开文件

（10）发现有两个用户的 IMSI1 相同，如图 1-11 所示。

图 1-11　发现格式问题

（11）修改其中一个的 IMSI1 为 460022016841948，使两者不重复，否则无法批量导入至移动终端安全管理系统，如图 1-12 所示。

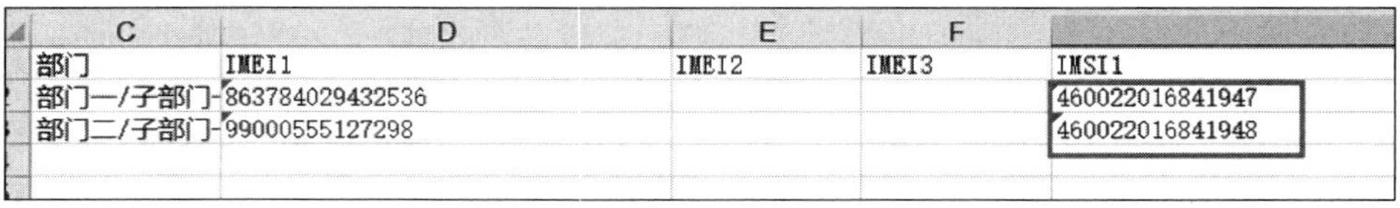

图 1-12　修改格式问题

（12）选择左上角"文件"→"保存"菜单命令，保存此次修改，如图 1-13 所示。

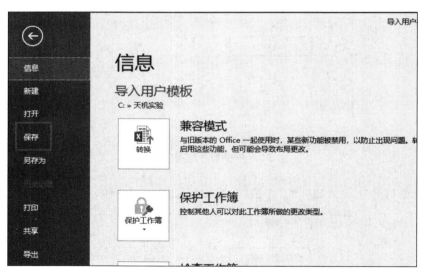

图 1-13　保存修改

（13）返回"批量导入用户"界面中，单击"浏览"按钮，如图 1-14 所示。

（14）选择"C:\天机实验"下的"导入用户模板.xls"，单击"打开"按钮，如图 1-15 所示。

（15）界面显示将要导入的信息，单击"导入"按钮，如图 1-16 所示。

图 1-14　单击"浏览"按钮

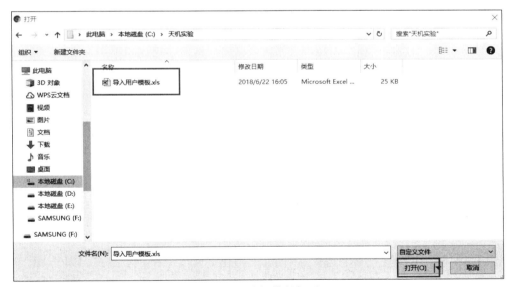

图 1-15　选择模板打开

（16）导入成功,在页面可以找到新导入的用户,如图 1-17 所示。

【实验预期】

（1）成功执行"手动添加"操作。

（2）成功执行"批量添加"操作。

图 1-16　单击"导入"按钮

图 1-17　批量添加用户操作结果

【实验结果】

（1）"手动添加"用户信息操作成功，添加的用户信息被保存。

在"用户管理"界面，可以发现通过手动添加的用户 zhang 创建成功，如图 1-18 所示。

图 1-18　"手动添加"创建结果

（2）"批量添加"用户信息操作成功,添加的用户信息被保存。

在"用户管理"界面可以发现通过批量添加的用户"李四""张三"创建成功,如图 1-19
所示。

图 1-19　"批量添加"创建结果

【实验思考】

（1）如何为"手动添加"的用户分组?

（2）"批量导入"文件时若出现格式错误提示导致无法导入,如何处理?

1.1.2　角色管理实验

【实验目的】

掌握移动终端安全系统的角色管理操作。

【知识点】

用户管理、角色管理。

【场景描述】

A 公司的移动终端安全管理系统投入使用后,由于不同职能部门管理的权限不同,
需要对各职能部门管辖权限进行管理和界定。因此,运维工程师小王需要在移动终端安
全管理系统中对各职能部门的角色进行设定和配置,请帮助小王对移动终端安全管理系
统的用户权限进行设定。

【实验原理】

管理员可通过移动终端安全管理系统的"用户管理"下的"角色管理"模块,对系统中
的角色进行管理,包括创建新角色、设置角色拥有权限、授予用户特定的角色和权限。

【实验设备】

安全设备:移动终端安全管理系统设备 1 台。

网络设备:无线 AP 1 台。

移动终端:Android 手机 1 台。

主机终端:Windows 7 主机 1 台。

【实验拓扑】

实验拓扑如图 1-20 所示。

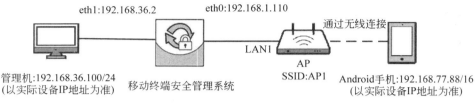

图 1-20　角色管理实验拓扑图

【实验思路】

（1）进入移动终端安全管理系统。

（2）在"角色管理"模块中创建角色。

（3）在"用户管理"模块中创建用户。

（4）为用户分配角色。

【实验步骤】

（1）在实验平台对应实验拓扑左侧的管理机中打开浏览器，在地址栏中输入移动安全终端设备的地址 https://192.168.36.2，在登录界面中输入对应的管理员账号 admin、密码 tianji 和验证码（以实际的账号和密码为准），单击"登录"按钮，即可进入控制台管理界面进行相应管理员操作，如图 1-21 所示。

图 1-21　登录 Web 管理界面

（2）选择面板左侧导航栏中的"用户管理"→"角色管理"菜单命令，如图 1-22 所示。

（3）在"角色管理"界面中，单击"添加角色"按钮，如图 1-23 所示。

（4）输入角色名称为"audadmin"，勾选"日志报表"复选框，角色为 audadmin 的用户将拥有查看和管理日志的权限，如图 1-24 所示。

图 1-22　单击"角色管理"按钮

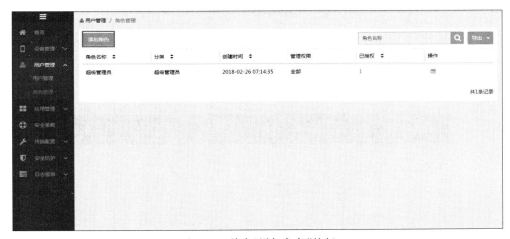

图 1-23　单击"添加角色"按钮

（5）单击"选择管理范围"单选按钮，选择需要编辑的管理范围，勾选"本地"下方的"部门一"复选框，单击"确认"按钮，如图 1-25 所示。

（6）"角色名称"为 audadmin 的角色添加成功，其中"已授权"数为 0，如图 1-26 所示。

（7）选择面板左侧导航栏中的"用户管理"→"用户管理"菜单命令，进入"用户管理"界面，如图 1-27 所示。

（8）在"用户管理"界面中，单击"添加用户"菜单命令，共有 3 种添加方式，包括"手动添加""批量导入"以及"LDAP 导入"。单击"手动添加"按钮，如图 1-28 所示。

（9）在"手动添加用户"界面中，输入对应的用户属性信息，输入用户名为"zhang"，输入邮箱为"zhang@gongsi.cn"，输入用户手机号码为"13112345272"，用户所属分组为"未分组"，取消勾选"发送邮件激活"和"发送短信激活"复选框，其他保留默认配置，单击"确认"按钮，如图 1-29 所示。

图 1-24　新建角色

图 1-25　设置"选择管理范围"

图 1-26 添加角色结果

图 1-27 "用户管理"界面

图 1-28 单击"手动添加"按钮

（10）返回"用户管理"界面，可见成功添加的 zhang 用户，如图 1-30 所示。

（11）单击用户名为 zhang 的新用户右侧的"详情"按钮，如图 1-31 所示。

（12）在"用户详情"界面中单击"编辑"按钮，如图 1-32 所示。

（13）单击"角色类型"下拉菜单，选择"管理员"，选择新建的角色 audadmin，设置初始密码为"Tianji"，配置结束后单击"保存"按钮，如图 1-33 所示。

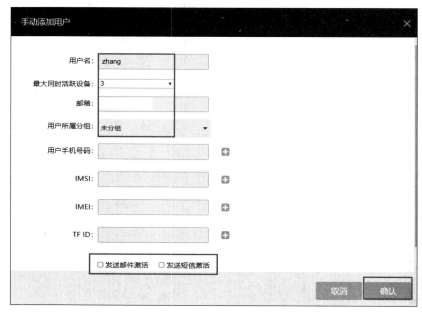

图 1-29　手动添加用户

图 1-30　手动添加用户操作结果

图 1-31　单击"详情"按钮

【实验预期】

（1）在移动终端安全管理系统的"角色管理"模块中成功添加新角色。

（2）为用户分配新角色。

【实验结果】

1. 成功添加新角色

选择管理界面左侧"用户管理"→"角色管理"菜单命令，可以发现"角色名称"为 audadmin 的新角色创建成功，如图 1-34 所示。

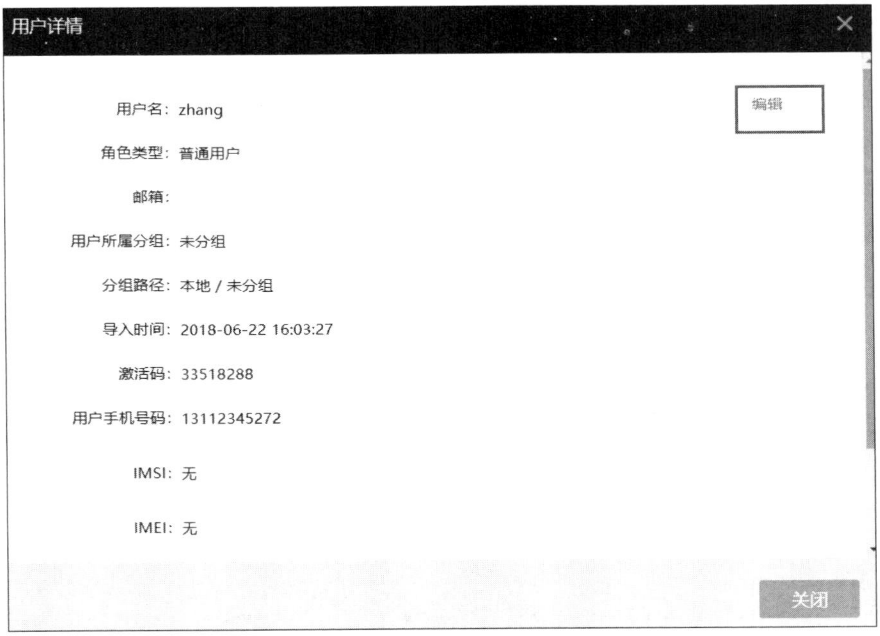

图 1-32　单击"编辑"按钮

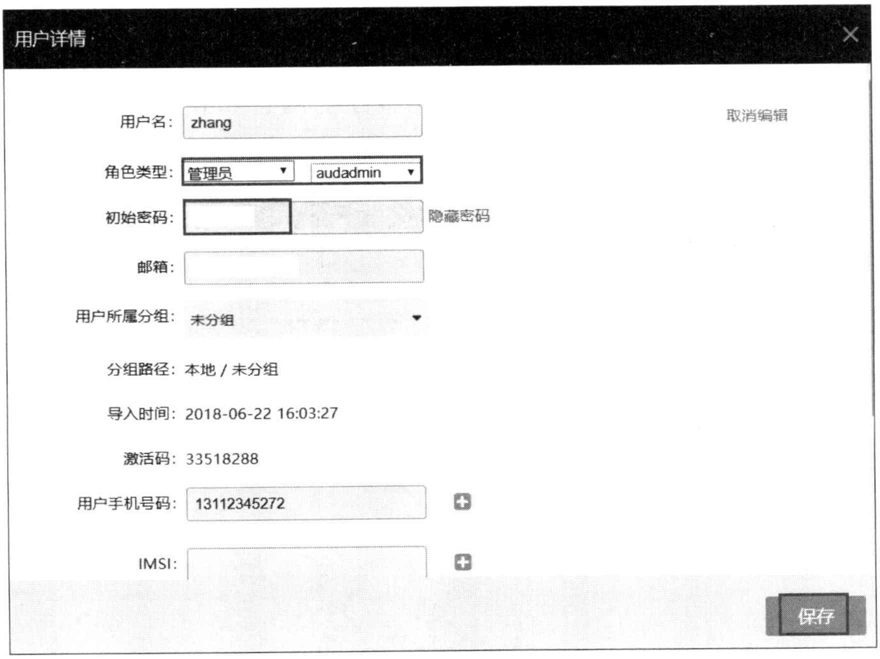

图 1-33　设置"角色类型"

图 1-34　"角色管理"操作结果

2. 成功为用户分配角色

（1）在"角色管理"界面中，可以发现新角色 audadmin 的"已授权"由 0 变为 1，单击"已授权"中的 1 图标，如图 1-35 所示。

图 1-35　单击"已授权"1 图标

（2）可以看到"用户名"为 zhang 的用户已被授权 audadmin 角色，并拥有 audadmin 角色所拥有的管理权限，如图 1-36 所示。

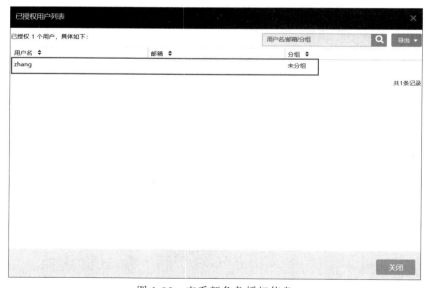

图 1-36　查看新角色授权信息

3. 新建管理员登录

（1）在管理机中重新打开浏览器，在地址栏中输入移动安全终端设备的地址 https：//192.168.36.2，在登录界面中输入对应的新建管理员账号的邮箱"zhang@gongsi. cn"、密码 Tianji 和验证码（以实际的账号和密码为准），单击"登录"按钮，即可进入控制台管理界面进行相应管理员操作，如图 1-37 所示。

图 1-37　新建管理员登录界面

（2）登录成功，界面显示用户名为 zhang 的管理员拥有的职责和权限，可以看到此管理员拥有日志报表管理功能，如图 1-38 所示。

图 1-38　登录成功

【实验思考】

如何重新修改角色拥有的管理范围？

1.2　设备管理

1.2.1　设备准入管理实验

【实验目的】

使用移动终端安全管理系统设置设备准入条件，管理接入系统的设备。

【知识点】

设备管理、设备准入。

【场景描述】

A公司的运维工程师小李想了解目前公司到底有多少员工接入了移动终端安全系统，了解之后发现公司使用各种型号的手机进行移动办公，为了实现标准、统一化管理，公司要求员工使用指定型号的手机接入移动终端安全管理系统，小李该如何实现这一需求呢？

【实验原理】

管理员可通过移动终端安全管理系统"设备管理"下的"设备准入"模块对接入系统的设备进行管理，通过设置设备准入条件控制设备能否接入终端安全管理系统。

【实验设备】

安全设备：移动终端安全管理系统设备1台。

网络设备：无线AP1台。

移动终端：Android手机1台。

主机终端：Windows 7主机1台。

【实验拓扑】

实验拓扑如图1-39所示。

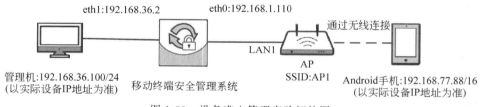

图1-39 设备准入管理实验拓扑图

【实验思路】

(1) 进入移动终端安全管理系统。

(2) 配置Android手机。

(3) 在"设备准入"模块中设置设备准入条件，使得设备允许接入终端。

(4) 更改"设备准入"中的设备准入条件，使得设备禁止接入终端。

【实验步骤】

(1) 在实验平台对应实验拓扑左侧的管理机中打开浏览器，在地址栏中输入移动安全终端设备的地址 https://192.168.36.2，在登录界面中输入对应的管理员账号 admin、密码 tianji 和验证码（以实际的账号和密码为准），单击"登录"按钮，即可进入控制台管理界面进行相应管理员操作，如图1-40所示。

(2) 选择面板左侧导航栏中的"用户管理"→"用户管理"菜单命令，进入"用户管理"

图 1-40　登录 Web 管理界面

界面,可见 admin 用户,它的激活码为 69138061,用于验证可信手机与设备的连接,如图 1-41 所示。

图 1-41　进入用户管理界面

（3）配置 Android 手机的正常连接。首先配置 Android 手机的网络连接,打开 Android 手机的"设置"应用,如图 1-42 所示。

（4）选择 WLAN 菜单命令,设置无线连接,如图 1-43 所示。

（5）开启 WLAN 设置,在 WiFi 列表中连接无线网络,并输入密码(以实际为准),如图 1-44 所示。

（6）单击"连接"按钮,成功连接此无线网络,如图 1-45 所示。

（7）为 Android 手机安装 tianji.apk,此文件负责连接手机和设备。首先通过某个通信软件将此 APK 文件传输至手机终端,接着在手机终端打开 tianji.apk 安装包,单击"安装"按钮,如图 1-46 所示。

（8）安装完毕,单击"打开"按钮,运行程序,如图 1-47 所示。

（9）在界面中单击"确定使用"按钮。

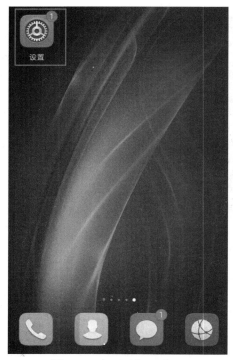

图 1-42 打开"设置"应用

图 1-43 打开 WLAN

图 1-44 打开 WLAN 开关

图 1-45 成功连接无线网络

图 1-46　开始安装　　　　　　　　　图 1-47　打开应用程序

（10）在"激活账号"界面中输入管理地址 192.168.1.110，激活码为 69138061（以第（2）步的激活码为准），将此设备激活绑定至 192.168.1.110 的 admin 用户，如图 1-48 所示。

（11）单击"激活"按钮，开始激活设备。激活成功后，跳转到"安全配置"界面，如图 1-49 所示。

图 1-48　激活设备　　　　　　　　　图 1-49　安全配置界面

（12）单击"立即设置"按钮，界面提示询问是否激活设备管理器，如图 1-50 所示。

（13）单击"激活"按钮，如返回"安全配置"界面，提示"请开启使用记录访问权限"，则单击"立即设置"按钮，如图 1-51 所示。

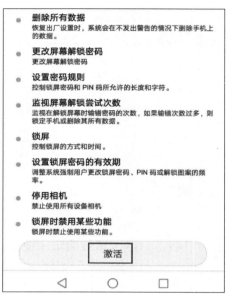

图 1-50　激活设备

图 1-51　配置记录访问

（14）在跳转的界面中，单击"天机"应用，如图 1-52 所示。

（15）在跳转的界面中启动"允许访问使用记录"，如图 1-53 所示。

图 1-52　配置权限

图 1-53　启动权限

（16）返回"安全配置"界面，单击"进入工作区"按钮，如图 1-54 所示。

（17）发现成功进入工作区，说明配置成功，如图 1-55 所示。

图 1-54　进入工作区

图 1-55　成功进入工作区

（18）配置准入规则。选择面板左侧导航栏中的"设备管理"→"设备准入"菜单命令，如图 1-56 所示。

图 1-56　单击"设备准入"菜单命令

（19）可以看到目前设定的设备准入策略，目前"符合准入设备"数目为 1，如图 1-57 所示。

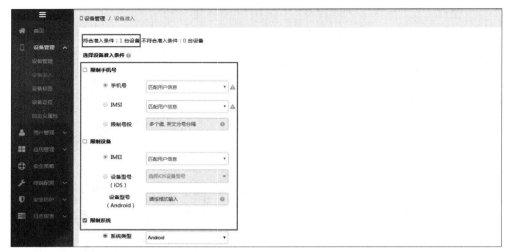

图 1-57　原设备准入策略

（20）更改设备准入条件，使实验手机无法准入。勾选"限制设备"复选框，单击"设备型号"按钮，输入"设备型号"为 N6，使得实验手机不符合准入条件，单击"保存"按钮，如图 1-58 所示。

图 1-58　更改设备准入条件

（21）更改完毕后，可以发现符合准入条件设备由 1 变为 0，如图 1-59 所示。

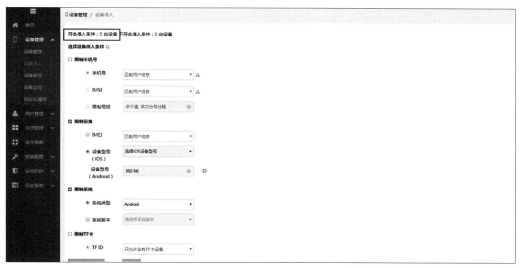

图 1-59　准入设备数量变化

【实验预期】

（1）查看设备准入情况。

（2）更改准入条件，使得实验手机不符合准入条件后，实验手机无法再接入。

【实验结果】

（1）可以看到，设备准入条件修改为限制设备型号为 N6 后，符合准入条件的设备为"0 台设备"，如图 1-60 所示。

图 1-60　设备准入

（2）打开实验手机，单击安全工作区里的"设置"应用，如图 1-61 所示。

（3）选择"关于"菜单命令，如图 1-62 所示。

图 1-61　单击"设置"应用

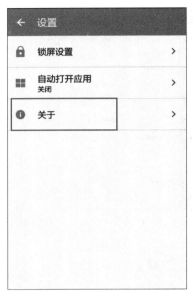

图 1-62　选择"关于"菜单命令

（4）选择"账户信息"菜单命令，如图 1-63 所示。

（5）单击"注销账号"按钮，如图 1-64 所示。

图 1-63　选择"账户信息"菜单命令

图 1-64　单击"注销账号"按钮

（6）单击"确认"按钮，如图 1-65 所示。

（7）再次打开实验手机的"天机"应用。

（8）勾选"加入用户体验改进计划"单选框，单击"确认使用"按钮。

（9）再次输入管理中心地址与激活码，单击"激活"按钮。

（10）进入激活步骤，由于更改准入条件为仅允许设备型号为 N6 的设备激活，因此提示"激活失败"，如图 1-66 所示。

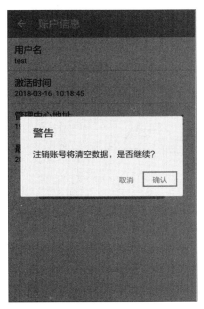
图 1-65　单击"确认"按钮

图 1-66　激活失败

【实验思考】

（1）如何使实验手机能够重新激活成功？

（2）在更改准入策略时改为设置"限制系统"后重新激活实验手机，查看激活结果。

1.2.2　终端设备锁定实验

【实验目的】

在移动终端安全管理系统中对移动终端进行设备管理。

【知识点】

终端安全、设备管理。

【场景描述】

A 公司的业务人员移动办公终端被人偷窃，为避免财产损失和数据安全，运维工程师小王需要锁定该移动终端。小王该如何操作，才能实现远程锁定丢失的移动设备呢？

【实验原理】

管理员可通过移动终端安全管理系统的"设备管理"模块对终端设备进行管理，包括锁定设备、解锁设备、关机、重启、锁定工作区、解锁工作区等基本操作,实现对移动终端的管控。

【实验设备】

安全设备:移动终端安全管理系统设备 1 台。

网络设备:无线 AP 1 台。

移动终端:Android 手机 1 台。

主机终端:Windows 7 主机 1 台。

【实验拓扑】

实验拓扑如图 1-67 所示。

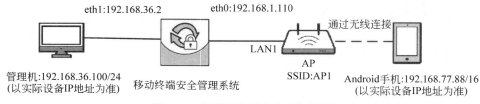

图 1-67　终端设备锁定实验拓扑图

【实验思路】

(1) 进入移动终端安全管理系统。

(2) 添加用户。

(3) 配置 Android 手机。

(4) 在"设备管理"模块中锁定和解锁实验手机。

(5) 在"设备管理"模块中锁定和解锁实验手机工作区。

【实验步骤】

(1) 在实验平台对应实验拓扑左侧的管理机中打开浏览器,在地址栏中输入移动终端安全管理系统的地址 https://192.168.36.2,在登录界面中输入对应的管理员账号 admin、密码 tianji 和验证码(以实际的账号和密码为准),单击"登录"按钮,即可进入控制台管理界面进行相应管理员操作。

(2) 选择面板左侧导航栏中的"用户管理"→"用户管理"菜单命令,进入"用户管理"界面。

(3) 在"用户管理"界面中,选择"添加用户"→"手动添加"菜单命令,添加用户。

(4) 在"手动添加用户"界面中,用户名输入"zhang",输入邮箱为"zhang@gongsi.cn",输入用户手机号码为"13112345272"(以实际为准),用户所属分组为"未分组",取消勾选"发送邮件激活"和"发送短信激活"复选框,其他保留默认配置,单击"确认"按钮。

(5) 返回"用户管理"界面,可见成功添加的 zhang 用户,其"激活码"为 08419172,后面注册该用户连接的设备均需要此激活码。

(6) 配置 Android 手机的正常连接:配置 Android 手机的网络连接,打开 Android 手机的"设置"。

（7）单击 WLAN 设置，设置无线连接。

（8）开启 WLAN 设置，在 WiFi 列表中连接无线网络，并输入密码（以实际为准）。

（9）单击"连接"按钮，成功连接此无线网络。

（10）为 Android 手机安装 tianji.apk，此文件负责连接手机和设备。首先通过某个通信软件将此 APK 文件传输至手机终端，接着在手机终端打开 tianji.apk 安装包，单击"安装"按钮。

（11）安装完毕后，单击"打开"按钮，运行程序。

（12）在界面中单击"确定使用"按钮。

（13）在"激活账号"界面中输入管理地址 192.168.1.110，激活码为 08419172（以第（5）步生成的激活码为准），将此设备激活绑定至 192.168.1.110 的 zhang 用户。

（14）单击"激活"按钮，开始激活设备。激活成功后，跳转到"安全配置"界面。

（15）单击"立即设置"按钮，界面提示"是否激活设备管理器？"。

（16）单击"激活"按钮，如返回"安全配置"界面，提示"请开启使用记录访问权限"，则单击"立即设置"按钮。

（17）在跳转的界面中，单击"天机"应用。

（18）在跳转的界面中启动"允许访问使用记录"选项。

（19）返回至"安全配置"界面，单击"进入工作区"按钮。

（20）发现成功进入工作区，说明配置成功。

（21）选择界面左侧导航栏中的"设备管理"→"设备管理"菜单命令。

（22）可以看到目前在使用的设备。

（23）打开手机终端，进入安全工作区，然后锁定实验手机屏幕。

（24）返回"设备管理"界面，勾选实验手机，并单击"操作"按钮，如图 1-68 所示。

图 1-68　选中实验手机，单击"操作"按钮

（25）选择"锁定设备"菜单命令，如图 1-69 所示。

（26）输入要设置的"锁屏密码"为"zhang1"，单击"确认"按钮，如图 1-70 所示。

图 1-69　选择"锁定设备"菜单命令

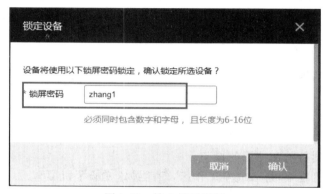

图 1-70　输入锁屏密码

（27）设置锁定成功,管理中心页面会显示"已执行锁定设备",勾选实验手机,单击"操作"按钮,如图 1-71 所示。

图 1-71　锁定设备成功

（28）在下拉框中找到并单击"锁定工作区"按钮，如图 172 所示。

图 1-72　选择"锁定工作区"菜单命令

（29）单击"确认"按钮，如图 1-73 所示。

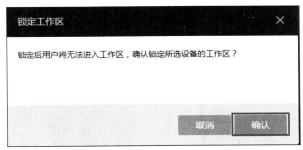

图 1-73　单击"确认"按钮

（30）可以看到显示"已锁定工作区"，如图 1-74 所示。

图 1-74　显示"已锁定工作区"

【实验预期】

（1）实验手机解锁屏幕需要输入锁屏密码。

（2）实验手机的工作区被锁定，无法进入。

【实验结果】

1. 在实验手机上进入工作区，需要输入锁屏密码

解锁实验手机的屏幕，需要输入锁屏密码，如图 1-75 所示。

2. 输入锁屏密码后，无法进入工作区

（1）输入锁屏密码 zhang1 后单击"完成"按钮，如图 1-76 所示。

（2）解锁屏成功后，显示"工作区已被锁定，请联系管理员解锁"，锁定实验手机屏幕，如图 1-77 所示。

（3）在管理机中打开浏览器，进入管理中心。勾选设备，单击上方"操作"按钮，如图 1-78 所示。

（4）在下拉框中单击"解锁工作区"按钮，如图 1-79 所示。

（5）解锁成功后，再次勾选实验手机，单击"操作"按钮，如图 1-80 所示。

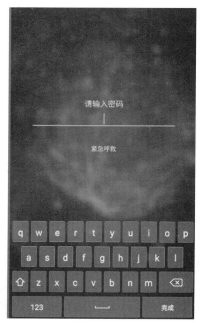

图 1-75　需要锁屏密码

图 1-76　输入锁屏密码

图 1-77　显示"工作区已被锁定，请联系管理员解锁"

图 1-78　单击"操作"按钮

图 1-79　选择"解锁工作区"按钮

图 1-80　单击"操作"按钮

（6）选择"解锁设备"菜单命令,如图 1-81 所示。

图 1-81　选择"解锁设备"菜单命令

（7）再次打开实验手机,不需要密码即可进入安全工作区,如图 1-82 所示。

图 1-82　进入安全工作区

【实验思考】

关机或者重启移动终端后,锁定安全区操作是否还生效?

1.2.3　设备标签管理实验

【实验目的】

掌握移动终端安全系统的设备标签操作,对设备进行分类和筛选。

【知识点】

设备管理、设备标签。

【场景描述】

A 公司的移动办公设备由于权限、种类、部门等因素,存在多部门、多种类交叉用户的设备管理问题,因此小王需要根据不同的筛选条件将需要的移动办公终端筛选出来。小王计划使用移动终端安全管理系统中的设备标签功能完成相关设备的筛选,请帮助小王完成设备标签的管理。

【实验原理】

管理员可通过移动终端安全管理系统的"设备管理"下的"设备标签"模块对设备标签进行管理,包括创建智能标签,设置智能标签规则,筛选符合规则的移动终端,并将符合规则的终端与智能标签进行关联。

【实验设备】

安全设备:移动终端安全管理系统设备 1 台。

网络设备:无线 AP 1 台。

移动终端:Android 手机 1 台。

主机终端:Windows 7 主机 1 台。

【实验拓扑】

实验拓扑如图 1-83 所示。

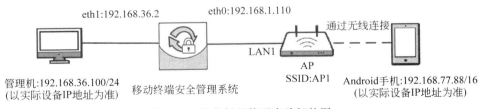

图 1-83　设备标签管理实验拓扑图

【实验思路】

(1)进入移动终端安全管理系统。

(2)添加用户。

(3)配置 Android 手机。

(4)在"设备标签"模块中新建智能标签。

【实验步骤】

（1）在实验平台对应实验拓扑左侧的管理机中打开浏览器，在地址栏中输入移动终端安全管理系统的地址 https://192.168.36.2，在登录界面中输入对应的管理员账号 admin、密码 tianji 和验证码（以实际的账号和密码为准），单击"登录"按钮，即可进入控制台管理界面进行相应管理员操作。

（2）选择面板左侧导航栏中的"用户管理"→"用户管理"菜单命令，进入"用户管理"界面。

（3）在"用户管理"界面中，选择"添加用户"→"手动添加"菜单命令，添加用户。

（4）在"手动添加用户"界面中，用户名输入"zhang"，输入邮箱为"zhang@gongsi.cn"，输入用户手机号码为"13112345272"（以实际为准），用户所属分组为"未分组"，取消勾选"发送邮件激活"和"发送短信激活"复选框，其他保留默认配置，单击"确认"按钮。

（5）返回"用户管理"界面，可见成功添加的 zhang 用户，其"激活码"为 08419172，后面注册该用户连接的设备均需要此激活码。

（6）配置 Android 手机的正常连接：配置 Android 手机的网络连接，打开 Android 手机的"设置"。

（7）单击 WLAN 设置选项卡，设置无线连接。

（8）开启 WLAN 设置，在 WiFi 列表中连接无线网络，并输入密码（以实际为准）。

（9）单击"连接"按钮，成功连接此无线网络。

（10）为 Android 手机安装 tianji.apk，此文件负责连接手机和设备。首先通过某个通信软件将此 APK 文件传输至手机终端，接着在手机终端打开 tianji.apk 安装包，单击"安装"按钮。

（11）安装完毕后，单击"打开"按钮，运行程序。

（12）在界面中单击"确定使用"按钮。

（13）在"激活账号"界面中，输入管理地址 192.168.1.110，激活码为 08419172（以第（5）步生成的激活码为准），将此设备激活绑定至 192.168.1.110 的 zhang 用户。

（14）单击"激活"按钮，开始激活设备。激活成功后，跳转到"安全配置"界面。

（15）单击"立即设置"按钮，界面提示"是否激活设备管理器？"。

（16）单击"激活"按钮，如返回"安全配置"界面，提示"请开启使用记录访问权限"，则单击"立即设置"按钮。

（17）在跳转的界面中，单击"天机"应用。

（18）在跳转的界面中启动"允许访问使用记录"。

（19）返回"安全配置"界面，单击"进入工作区"按钮。

（20）发现成功进入工作区，说明配置成功。

（21）选择界面左侧导航栏中的"设备管理"→"设备管理"菜单命令。

（22）可以看到目前在使用的设备的注册邮箱、型号、系统版本等有关信息，其中，zhang 为实验手机。

（23）选择左侧导航栏中的"设备管理"→"设备标签"菜单命令。

（24）在"设备标签"界面中，单击"添加智能标签"按钮，如图 1-84 所示。

图 1-84　单击"添加智能标签"按钮

（25）在"新建智能标签"界面中，输入"智能标签名称"为"zhang"，"规则详情"设置为"用户邮箱""等于"，再次输入实验手机的注册邮箱"zhang@gongsi.cn"，单击"确认"按钮，如图 1-85 所示。

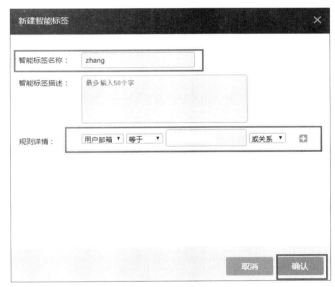

图 1-85　新建智能标签

（26）创建完成后页面会保存新建智能标签的信息，如图 1-86 所示。

【实验预期】

新建的智能标签中存在关联设备。

【实验结果】

系统自动匹配与此标签符合的设备，并进行关联。单击新建的智能标签下的"设备数量"的 1 图标，如图 1-87 所示。

图 1-86　新建智能标签完成

图 1-87　单击"设备数量"下的 1 图标

此时即显示此智能标签关联的设备情况,单击"关闭"按钮,如图 1-88 所示。

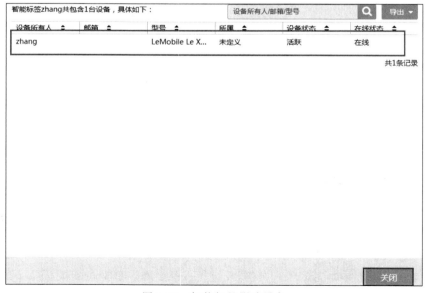

图 1-88　智能标签影响设备

【实验思考】

（1）如何手动关联智能标签与移动终端？

（2）若要以多个规则筛选设备，应该如何操作？

1.3　模块配置

1.3.1　设备锁屏配置实验

【实验目的】

掌握移动终端安全管理系统中设备锁屏的配置操作。

【知识点】

安全策略、设备锁屏。

【场景描述】

A 公司为提高移动办公的安全性，要求定期更换移动办公终端的锁屏密码。运维工程师小王根据上述要求，计划使用移动终端安全管理系统中的设备锁屏功能实现定期锁屏密码的更换，同时为提高安全性，需要提高锁屏密码的强度，请帮助小王配置移动终端安全管理系统的设备锁屏功能。

【实验原理】

管理员可通过移动终端安全管理系统的"安全策略"模块，创建锁屏策略，对移动终端的锁屏选项进行配置，包括设置自动锁定屏幕时间、锁屏密码复杂度、锁屏密码更换周期等。

【实验设备】

安全设备：移动终端安全管理系统设备 1 台。

网络设备：无线 AP 1 台。

移动终端：Android 手机 1 台。

主机终端：Windows 7 主机 1 台。

【实验拓扑】

实验拓扑如图 1-89 所示。

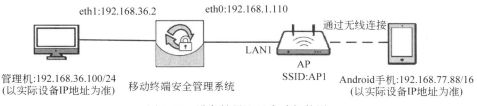

图 1-89　设备锁屏配置实验拓扑图

【实验思路】

（1）进入移动终端安全管理系统。

（2）添加用户。

（3）配置 Android 手机。

（4）在"安全策略"模块中添加设备锁屏安全策略。

【实验步骤】

（1）在实验平台对应实验拓扑左侧的管理机中打开浏览器,在地址栏中输入移动终端安全管理系统的地址 https://192.168.36.2,在登录界面中输入对应的管理员账号 admin、密码 tianji 和验证码(以实际的账号和密码为准),单击"登录"按钮,即可进入控制台管理界面进行相应管理员操作。

（2）选择面板左侧导航栏中的"用户管理"→"用户管理"菜单命令,进入"用户管理"界面。

（3）在"用户管理"界面中,选择"添加用户"→"手动添加"菜单命令,添加用户。

（4）在"手动添加用户"界面中,用户名输入"zhang",输入邮箱为"zhang@gongsi.cn",输入用户手机号码为"13112345272"(以实际为准),用户所属分组为"未分组",取消勾选"发送邮件激活"和"发送短信激活"复选框,其他保留默认配置,单击"确认"按钮。

（5）返回"用户管理"界面,可见成功添加的 zhang 用户,其"激活码"为 08419172,后面注册该用户连接的设备均需要此激活码。

（6）配置 Android 手机的正常连接:配置 Android 手机的网络连接,打开 Android 手机的"设置"。

（7）单击 WLAN 设置选项,设置无线连接。

（8）开启 WLAN 设置,在 WiFi 列表中连接无线网络,并输入密码(以实际为准)。

（9）单击"连接"按钮,成功连接此无线网络。

（10）为 Android 手机安装 tianji.apk,此文件负责连接手机和设备。首先通过某个通信软件将此 APK 文件传输至手机终端,接着在手机终端打开 tianji.apk 安装包,单击"安装"按钮。

（11）安装完毕后,单击"打开"按钮,运行程序。

（12）在界面中单击"确定使用"按钮。

（13）在"激活账号"界面中输入管理地址 192.168.1.110,激活码为 08419172(以第(5)步生成的激活码为准),将此设备激活绑定至 192.168.1.110 的 zhang 用户。

（14）单击"激活"按钮,开始激活设备。激活成功后,跳转到"安全配置"界面。

（15）单击"立即设置"按钮,界面提示"是否激活设备管理器?"。

（16）单击"激活"按钮,如返回"安全配置"界面,提示"请开启使用记录访问权限",则单击"立即设置"按钮。

（17）在跳转的界面中,单击"天机"应用。

（18）在跳转的界面中启动"允许访问使用记录"。

（19）返回"安全配置"界面,单击"进入工作区"按钮。

（20）发现成功进入工作区，说明配置成功。

（21）选择界面左侧导航栏中的"设备管理"→"设备管理"菜单命令。

（22）在"设备标签"界面中，单击"添加标签"按钮，如图 1-90 所示。

图 1-90 单击"添加标签"按钮

（23）输入"标签名称"为 zhang，单击"确认"按钮，如图 1-91 所示。

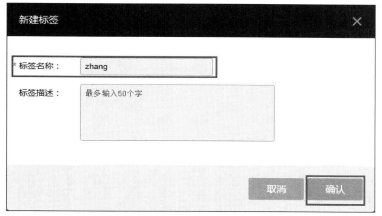

图 1-91 新建标签

（24）新建标签成功，如图 1-92 所示。

图 1-92 新建标签成功

（25）选择面板左侧导航栏中的"设备管理"→"设备管理"菜单命令。

（26）勾选实验手机 zhang，单击"操作"按钮，如图 1-93 所示。

图 1-93　勾选实验手机

（27）选择下拉框中的"关联标签"菜单命令，如图 1-94 所示。

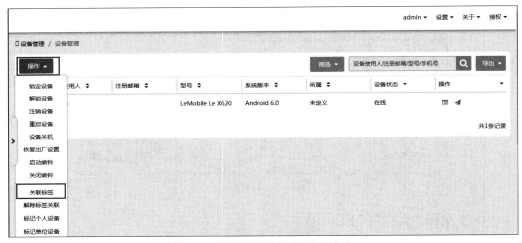

图 1-94　选择"关联标签"菜单命令

（28）选中新建的标签 zhang，如图 1-95 所示。

（29）单击"确认"按钮，如图 1-96 所示。

（30）打开实验手机，进入安全工作区，单击"设置"应用。

（31）单击"锁屏设置"选项，如图 1-97 所示。

（32）单击"修改设备锁屏"选项，如图 1-98 所示。

（33）可以看到，当前的解锁方式为"无密码"，如图 1-99 所示。

图 1-95　选中新建标签

图 1-96　单击"确认"按钮

图 1-97　单击"锁屏设置"选项

图 1-98　单击"修改设备锁屏"选项

图 1-99　查看当前设备锁屏解锁方式

（34）在管理机左侧菜单中选择"安全策略"菜单命令，如图 1-100 所示。

图 1-100　选择"安全策略"菜单命令

（35）单击"添加安全策略"按钮，如图 1-101 所示。

图 1-101　单击"添加安全策略"按钮

（36）选择界面左侧导航栏中的"选择下发范围"→"标签"，如图 1-102 所示。

图 1-102　选择下发范围

（37）勾选刚建立的标签 zhang，如图 1-103 所示。

图 1-103　选择范围标签

（38）选择界面左侧导航栏中的"策略名称"菜单命令，如图 1-104 所示。

图 1-104　选择"策略名称"菜单命令

（39）输入"策略名称"为 zhang，如图 1-105 所示。

（40）选择界面左侧导航栏中的"设备锁屏"菜单命令，如图 1-106 所示。

（41）单击"配置"按钮，如图 1-107 所示。

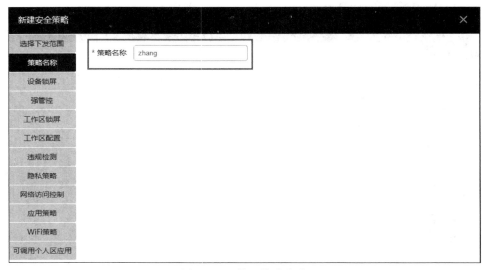

图 1-105　输入策略名称

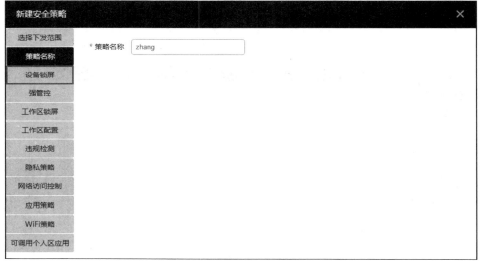

图 1-106　选择"设备锁屏"菜单命令

（42）可根据需要配置锁屏策略选项，为实现定期修改密码，勾选"自动锁定""锁屏密码更换周期（1～365）""最大解锁错误次数（1～15）"及"禁止与历史密码重复（1～10）"复选框，设置"锁屏密码更换周期"为 30 天，其余按照默认设置。

（43）再选择"锁屏密码复杂度"为"密码"，取消勾选"要求包含特殊符号（1～4）"复选框。设置完毕后，单击"确认"按钮，如图 1-108 所示。

（44）新建安全策略成功，可以看到目前设备还未执行该安全策略，如图 1-109 所示。

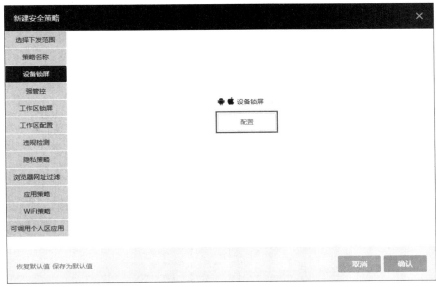

图 1-107 单击"配置"按钮

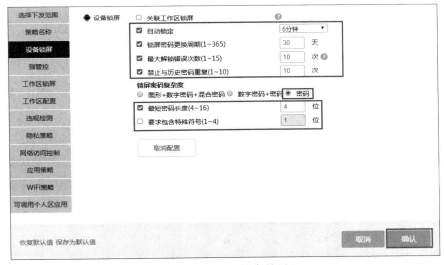

图 1-108 配置"设备锁屏"

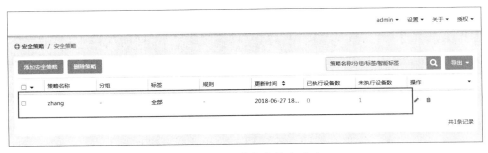

图 1-109 新建安全策略成功

【实验预期】

（1）实验手机进行设备锁屏设置。

（2）新建的安全策略在移动终端设置锁屏后，状态转变为"已执行"。

【实验结果】

1.实验手机需要进行设备锁屏设置

（1）打开实验手机，发现需要设置锁屏密码，单击"立即设置"按钮，如图 1-110 所示。

（2）选择"6 位数字密码"菜单命令，如图 1-111 所示。

图 1-110　需要设置锁屏密码

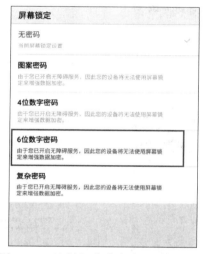

图 1-111　选择"6 位数字密码"菜单命令

（3）输入设置的 6 位数字密码，单击"下一步"按钮，如图 1-112 所示。

（4）输入设置的密码以确认密码，单击"确定"按钮，如图 1-113 所示。

（5）设置密码完毕，单击"进入工作区"按钮。

2.安全策略状态转变为"已执行"

打开浏览器，再次查看"安全策略"页面，发现新建的安全策略"已执行设备数"由 0 变为 1，"未执行设备数"已清零，如图 1-114 所示。

【实验思考】

在"新建安全策略"时进行"工作区锁屏"配置，再打开实验手机查看结果。

1.3.2 工作区锁屏实验

【实验目的】

掌握移动终端安全管理系统的工作区锁屏的相关配置操作。

图 1-112　设置密码

图 1-113　确认密码

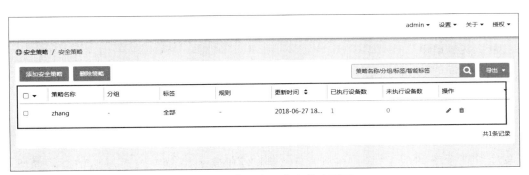

图 1-114　管理中心安全策略页面

【知识点】

安全策略、安全区锁屏。

【场景描述】

A 公司为提高移动办公终端中工作区域的安全性,要求定期更换移动办公终端的工作区的锁屏密码。运维工程师小王根据上述要求,需要使用移动终端安全管理系统中的工作区锁屏功能实现定期锁屏密码的更换和密码复杂度要求,请帮助小王配置移动终端安全管理系统的工作区锁屏功能。

【实验原理】

管理员可通过移动终端安全管理系统的"安全策略"模块,创建工作区锁屏策略,对移动终端的工作区锁屏选项进行配置,包括设置工作区锁屏延迟时间,锁屏密码更换周期,锁屏密码复杂度(图形、数字密码、混合密码)等。

【实验设备】

安全设备:移动终端安全管理系统设备 1 台。

网络设备:无线 AP 1 台。

移动终端:Android 手机 1 台。

主机终端:Windows 7 主机 1 台。

【实验拓扑】

实验拓扑如图 1-115 所示。

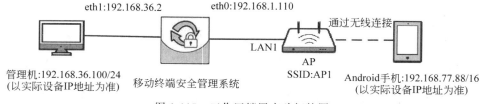

eth1:192.168.36.2   eth0:192.168.1.110   通过无线连接

LAN1   AP   SSID:AP1

管理机:192.168.36.100/24   移动终端安全管理系统   Android手机:192.168.77.88/16
(以实际设备IP地址为准)   (以实际设备IP地址为准)

图 1-115   工作区锁屏实验拓扑图

【实验思路】

(1)进入移动终端安全管理系统。

(2)添加用户。

(3)配置 Android 手机。

(4)在"安全策略"模块中添加工作区锁屏安全策略。

【实验步骤】

(1)在实验平台对应实验拓扑左侧的管理机中打开浏览器,在地址栏中输入移动终端安全管理系统的地址 https://192.168.36.2,在登录界面中输入对应的管理员账号 admin、密码 tianji 和验证码(以实际的账号和密码为准),单击"登录"按钮,即可进入控制台管理界面进行相应管理员操作。

(2)选择面板左侧导航栏中的"用户管理"→"用户管理"菜单命令,进入"用户管理"界面。

(3)在"用户管理"界面中,选择"添加用户"→"手动添加"菜单命令,添加用户。

(4)在"手动添加用户"界面中,用户名输入"zhang",输入邮箱为"zhang@gongsi.cn",输入用户手机号码为"13112345272"(以实际为准),用户所属分组为"未分组",取消勾选"发送邮件激活"和"发送短信激活"复选框,其他保留默认配置,单击"确认"按钮。

(5)返回"用户管理"界面,可见成功添加的 zhang 用户,其"激活码"为 08419172,后面注册该用户连接的设备均需要此激活码。

(6)配置 Android 手机的正常连接:配置 Android 手机的网络连接,打开 Android 手机的"设置"。

（7）单击 WLAN 设置，设置无线连接。

（8）开启 WLAN 设置，在 WiFi 列表中连接无线网络，并输入密码（以实际为准）。

（9）单击"连接"按钮，成功连接此无线网络。

（10）为 Android 手机安装 tianji.apk，此文件负责连接手机和设备。首先通过某个通信软件将此 APK 文件传输至手机终端，接着在手机终端打开 tianji.apk 安装包，单击"安装"按钮。

（11）安装完毕后，单击"打开"按钮，运行程序。

（12）在界面中单击"确定使用"按钮。

（13）在"激活账号"界面中，输入管理地址 192.168.1.110，激活码为 08419172（以第（5）步生成的激活码为准），将此设备激活绑定至 192.168.1.110 的 zhang 用户。

（14）单击"激活"按钮，开始激活设备。激活成功后，跳转到"安全配置"界面。

（15）单击"立即设置"按钮，界面提示"是否激活设备管理器？"。

（16）单击"激活"按钮，如返回"安全配置"界面，提示"请开启使用记录访问权限"，则单击"立即设置"按钮。

（17）在跳转的界面中，单击"天机"应用。

（18）在跳转到的界面中启动"允许访问使用记录"权限。

（19）返回"安全配置"界面，单击"进入工作区"按钮。

（20）发现成功进入工作区，说明配置成功。

（21）选择界面左侧导航栏中的"设备管理"→"设备管理"菜单命令。

（22）在"设备标签"界面中，单击"添加标签"按钮。

（23）输入标签名称为 zhang，单击"确认"按钮。

（24）新建标签成功。

（25）选择面板左侧导航栏中的"设备管理"→"设备管理"菜单命令。

（26）勾选实验手机 zhang，单击"操作"按钮。

（27）选择下拉框中的"关联标签"菜单命令，如图 1-116 所示。

图 1-116 选择"关联标签"菜单命令

（28）选中新建的标签 zhang，如图 1-117 所示。

（29）单击"确认"按钮，如图 1-118 所示。

（30）打开实验手机，进入安全工作区，单击"设置"应用。

（31）单击"锁屏设置"菜单命令。

（32）可以看到当前工作区锁屏方式为"无"，如图 1-119 所示。

（33）在管理机左侧菜单中选择"安全策略"菜单命令，如图 1-120 所示。

（34）单击"添加安全策略"按钮，如图 1-121 所示。

图 1-117　选中新建标签

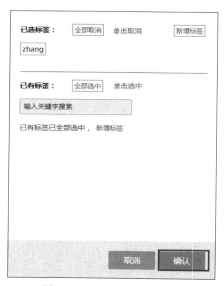

图 1-118　单击"确认"按钮

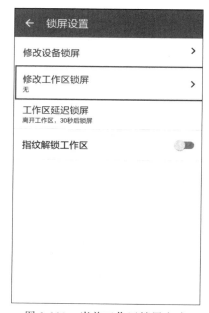

图 1-119　当前工作区锁屏方式

图 1-120　选择"安全策略"菜单命令

图 1-121　单击"添加安全策略"按钮

（35）选择界面左侧导航栏中的"选择下发范围"→"标签"菜单命令，如图 1-122 所示。

图 1-122　选择下发范围

（36）勾选刚建立的标签 zhang，如图 1-123 所示。

（37）选择界面左侧导航栏中的"策略名称"菜单命令，如图 1-124 所示。

（38）输入"策略名称"为"zhang"，如图 1-125 所示。

（39）选择界面左侧导航栏中的"工作区锁屏"菜单命令，如图 1-126 所示。

（40）单击"配置"按钮，如图 1-127 所示。

（41）可根据需要配置锁屏策略选项，为实现定期修改密码，勾选"锁屏延迟时间不大于""锁屏密码更换周期（1～365）"及"最大解锁错误次数（4～10）"复选框，设置"锁屏密码更换周期"为 30 天，其余按照默认设置。

图 1-123　选择范围标签

图 1-124　选择"策略名称"菜单命令

（42）勾选"数字密码"，设置"锁屏密码长度不少于（4～32）"4 位。设置完成后，单击"确认"按钮，如图 1-128 所示。

（43）新建安全策略成功，可以看到目前"未执行设备数"为 1，"已执行设备数"为 0，如图 1-129 所示。

图 1-125　输入策略名称

图 1-126　选择"工作区锁屏"菜单命令

【实验预期】

（1）实验手机进行工作区锁屏设置。

（2）新建的安全策略在移动终端设置工作区锁屏后,状态转变为"已执行"。

图 1-127　单击"配置"按钮

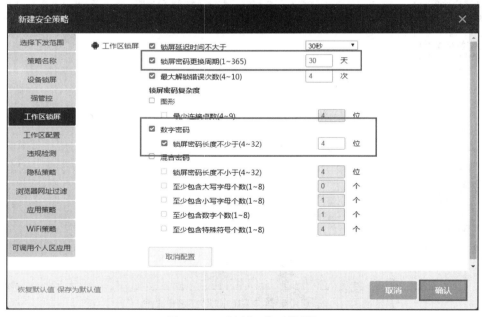

图 1-128　配置"工作区锁屏"

【实验结果】

1. 实验手机需要进行工作区锁屏设置

（1）打开实验手机，发现需要设置工作区锁屏密码，单击"立即设置"按钮，如图 1-130

所示。

图 1-129　新建安全策略成功

图 1-130　需要设置工作区密码

（2）单击 PIN 设置，如图 1-131 所示。

（3）按照界面上的提示输入新的 PIN 码以及确认密码，单击"设定完成"按钮，如图 1-132 所示。

（4）设置 PIN 码完毕，单击"进入工作区"按钮。

2. 安全策略状态转变为"已执行"

打开浏览器，再次查看"安全策略"界面，发现新建的安全策略"已执行设备数"由 0 变为 1，"未执行设备数"已清零，如图 1-133 所示。

【实验思考】

（1）在配置"工作区锁屏"时将密码复杂度改为"图形"，再打开实验手机查看结果。

（2）在配置"工作区锁屏"时将密码复杂度改为"混合密码"，再打开实验手机查看结果。

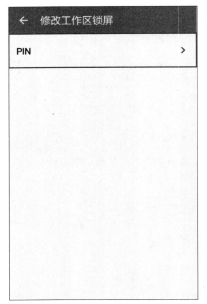

图 1-131 单击 PIN 设置

图 1-132 设置 PIN 码

图 1-133 管理中心安全策略界面变更

1.3.3 工作区组件管理实验

【实验目的】

掌握移动终端安全管理系统管理移动终端的工作区方法。

【知识点】

设备准入、安全策略、设备管理。

【场景描述】

A 公司的某些移动办公终端用于为客户进行展示,由于工作区中有一些组件不便于展示给客户,运维工程师小王需要通过配置移动终端安全管理系统,将这些不便于展示的组件隐藏起来,小王该如何操作?

【实验原理】

管理员可以通过移动终端安全管理系统的“安全策略”模块,管理配置工作区,可以对移动终端工作区中的相机及图库、文件管理器、浏览器等选项进行配置。

【实验设备】

安全设备:移动终端安全管理系统设备 1 台。

网络设备:无线 AP 1 台。

移动终端:Android 手机 1 台。

主机终端:Windows 7 主机 1 台。

【实验拓扑】

实验拓扑如图 1-134 所示。

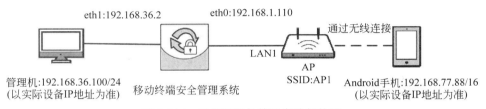

图 1-134　工作区组件管理实验拓扑图

【实验思路】

(1) 进入移动终端安全管理系统。

(2) 添加设备准入规则。

(3) 配置 Android 手机。

(4) 编辑并执行安全策略。

(5) 查看结果。

【实验步骤】

(1) 登录实验平台对应拓扑图左侧的管理机,在管理机中打开浏览器,在地址栏中输入移动终端安全管理系统的地址 https://192.168.1.110(以实际设备 IP 地址为准),在登录界面中输入对应的管理员账号 tianji@gongsi.com、密码 tianji 以及验证码(以实际的账号和密码为准),单击“登录”按钮,即可进入控制台管理界面进行相应管理员操作。

(2) 选择面板左侧导航栏中的“用户管理”→“用户管理”菜单命令,进入“用户管理”界面,可见 admin 用户,它的激活码为 69138061,用于验证可信手机与设备的连接。

(3) 配置准入规则。选择管理界面左侧“设备管理”→“设备准入”菜单命令,如图 1-135 所示。

(4) 在“设备准入”界面中,勾选“限制系统”复选框,“系统类型”选择 Android,其他保持默认不变,如图 1-136 所示。

图 1-135　选择"设备准入"菜单命令

图 1-136　原设备准入策略

（5）单击"保存"按钮，成功配置准入策略，如图 1-137 所示。

（6）配置 Android 手机的网络连接，打开实验平台对应拓扑图右侧的 Android 手机，单击 Android 手机中的"设置"应用，如图 1-138 所示。

（7）单击 WLAN 设置，设置无线连接。

图 1-137　成功配置策略

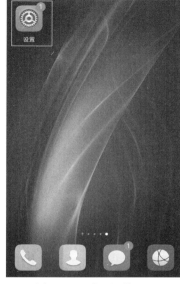

图 1-138　打开"设置"

（8）开启 WLAN 设置，在 WiFi 列表中连接无线网络，并输入密码（以实际为准）。

（9）单击"连接"按钮，成功连接此无线网络。

（10）为 Android 手机安装 tianji.apk，此文件负责连接手机和设备。首先通过某个通信软件将此 APK 文件传输至手机终端，接着打开 Android 手机的 tianji.apk 安装包，单击"安装"按钮。

（11）安装完毕后，单击"打开"按钮，运行程序。

（12）在界面中单击"确定使用"按钮。

（13）在"激活账号"界面中输入管理地址 192. 168.1.110，激活码为 69138061（即第（2）步的激活码），将此设备激活绑定至 192.168.1.110 的 admin 用户。

（14）单击"激活"按钮，开始激活设备。激活成功后，跳转到"安全配置"界面，如图 1-139 所示。

（15）单击"立即设置"按钮，界面提示"是否激活设备管理器？"，如图 1-140 所示。

（16）单击"激活"按钮，如返回"安全配置"界面，提示"请开启使用记录访问权限"，则单击"立即设置"按钮，如图 1-141 所示。

（17）在跳转的界面中，单击"天机"应用。

（18）在跳转到的界面中选择"允许访问使用记

图 1-139　安全配置界面

录"选项。

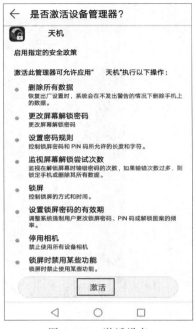

图 1-140　激活设备

图 1-141　配置记录访问

（19）返回"安全配置"界面，单击"进入工作区"按钮。

（20）发现成功进入工作区，说明配置成功。

（21）选择面板左侧导航栏中的"设备管理"→"设备管理"菜单命令按钮，进入"设备管理"菜单。在这里可以查看"设备管理人""注册邮箱""型号""系统版本""设备状态"等信息，如图 1-142 所示。

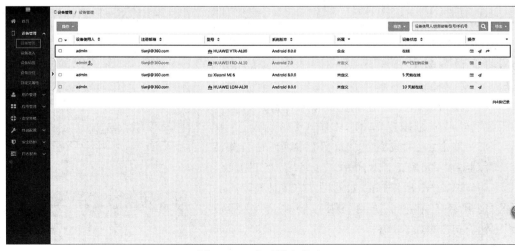

图 1-142　查看设备信息

（22）选择面板左侧导航栏中的"添加标签"菜单命令,进入设备标签列表显示界面。单击"添加标签"按钮,如图 1-143 所示。

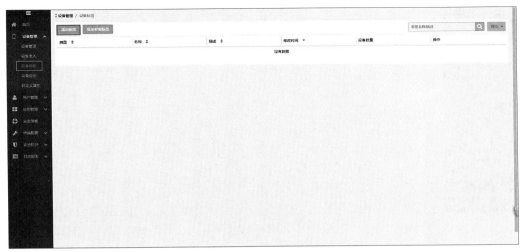

图 1-143　添加标签

（23）在配置信息页面中,"标签名称"输入框中填写"研发部"。单击"确认"按钮,如图 1-144 所示。

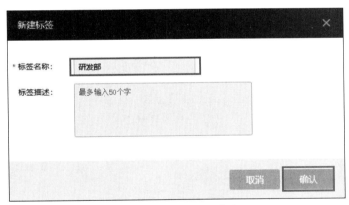

图 1-144　配置标签信息

（24）标签创建完成后,设备标签列表界面会显示新创建的标签信息,如图 1-145 所示。

（25）选择面板左侧导航栏中的"设备管理"菜单命令,选中实验设备,单击"操作"按钮,如图 1-146 所示。

（26）选择"关联标签"菜单命令,如图 1-147 所示。

（27）选中标签"研发部",单击"确认"按钮,如图 1-148 所示。

（28）选择面板左侧导航栏中的"安全策略"菜单命令,如图 1-149 所示。

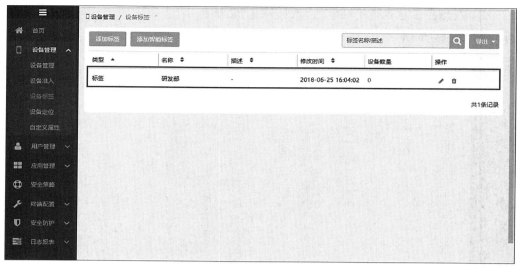

图 1-145　标签创建完成

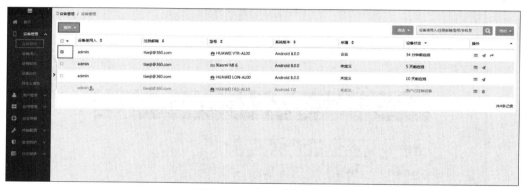

图 1-146　配置设备标签

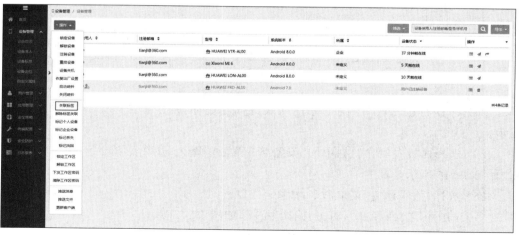

图 1-147　选择"关联标签"命令

图 1-148　关联标签

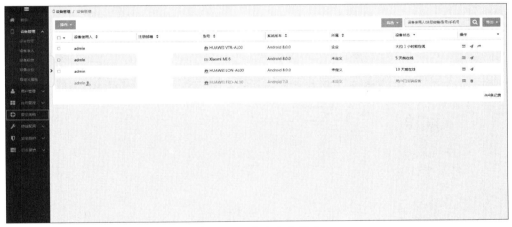

图 1-149　进入安全策略

（29）单击"添加安全策略"按钮，如图 1-150 所示。

图 1-150　添加安全策略

（30）打开"标签"选项卡，选择"研发部"，如图 1-151 所示。

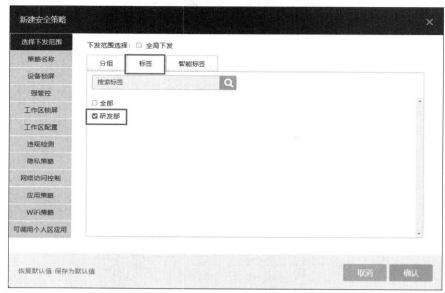

图 1-151　选择下发范围

（31）单击"策略名称"按钮进入"策略名称"配置页面。在"策略名称"文本框中填写"安全策略"，如图 1-152 所示。

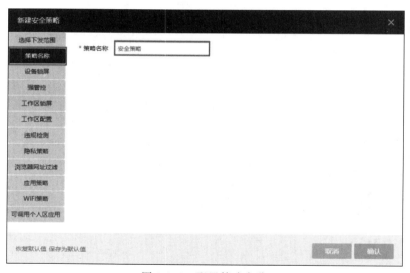

图 1-152　配置策略名称

（32）单击"工作区配置"按钮进入"工作区配置"页面，单击"配置"按钮，如图 1-153 所示。

（33）选中"隐藏相机及图库"复选框，单击"确认"按钮，如图 1-154 所示。

（34）安全策略执行成功，可以看到目前"已执行设备数"为 1，如图 1-155 所示。

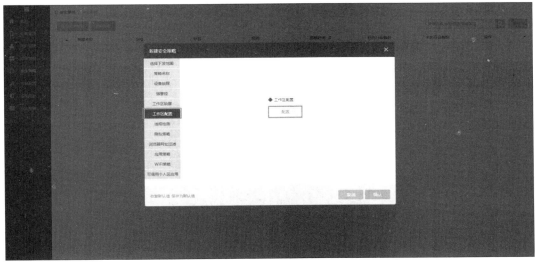

图 1-153　单击"工作区配置"按钮

图 1-154　配置工作区

图 1-155　执行安全策略

【实验预期】

移动终端设备工作区中相机和图库不可见。

【实验结果】

查看移动终端设备工作区,可以发现相机和图库已经被隐藏,如图 1-156 所示。

图 1-156　查看相机和图库隐藏结果

【实验思考】

(1) 在安全策略工作区配置中选择隐藏文件管理器,查看结果。

(2) 在安全策略工作区配置中选择隐藏浏览器,查看结果。

1.3.4　终端 WiFi 配置实验

【实验目的】

掌握使用移动终端安全管理系统配置终端 WiFi 的方法。

【知识点】

设备准入、安全策略、设备管理。

【场景描述】

A 公司出于安全性考虑,只允许移动办公终端连接指定的 WiFi,不允许连接非法、外置 WiFi,一旦有员工违规连接非法 WiFi,立即锁定工作区。要想实现这个要求,应该怎么配置移动终端安全管理系统?

【实验原理】

管理员通过终端配置功能模块可以远程给移动终端设备下发 WiFi 的配置描述文件,不需要用户手动烦琐地在移动终端上进行一步步的操作配置。管理员通过输入 WiFi 配置名称、标识符 SSID,选择对应的安全类型、输入密码等信息,选择配置文件下发的范围可以将 WiFi 的配置描述文件自动发送到移动终端上。

【实验设备】

安全设备:移动终端安全管理系统设备 1 台。

网络设备:无线 AP 1 台。

移动终端:Android 手机 1 台。

主机终端:Windows 7 主机 1 台。

【实验拓扑】

实验拓扑如图 1-157 所示。

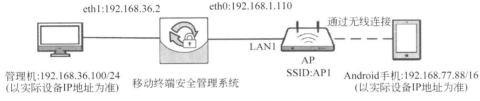

图 1-157　终端 WiFi 配置实验拓扑图

【实验思路】

(1) 进入移动终端安全管理系统。

(2) 添加设备准入规则。

(3) 配置 Android 手机。

(4) 编辑并执行安全策略。

(5) 查看结果。

【实验步骤】

(1) 登录实验平台对应拓扑图左侧的管理机,在管理机中打开浏览器,在地址栏中输入移动终端安全管理系统的地址 https://192.168.1.110(以实际设备 IP 地址为准),在登录界面中,输入对应的管理员账号 tianji@gongsi.com、密码 tianji 及验证码(以实际的账号和密码为准),单击"登录"按钮,进入控制台管理界面进行相应管理员操作。

(2) 单击面板左侧导航栏中的"用户管理"按钮→单击"用户管理"菜单命令,进入"用户管理"界面,可见 admin 用户,它的激活码为 69138061,用于验证可信手机与设备的连接。

(3) 配置准入规则。选择管理界面左侧"设备管理"→"设备准入"菜单命令,如图 1-158 所示。

(4) 在"设备准入"界面中,勾选"限制系统"复选框,"系统类型"选项选择 Android,其

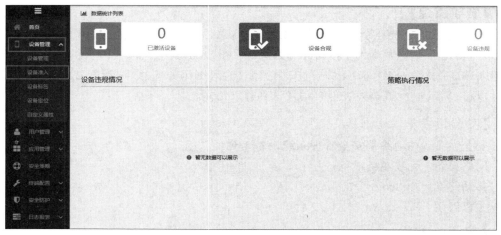

图 1-158 单击"设备准入"按钮

他保持默认不变,如图 1-159 所示。

图 1-159 原设备准入策略

(5) 单击"保存"按钮,成功配置准入策略,如图 1-160 所示。

(6) 配置 Android 手机的网络连接,打开实验平台对应拓扑图右侧的 Android 手机,打开 Android 手机的"设置"应用。

图 1-160　成功配置策略

（7）单击 WLAN 设置，设置无线连接。

（8）开启 WLAN 设置，在 WiFi 列表中连接无线网络，并输入密码（以实际为准）。

（9）单击"连接"按钮，成功连接此无线网络。

（10）为 Android 手机安装 tianji.apk，此文件负责连接手机和设备。首先通过某个通信软件将此 APK 文件传输至手机终端，接着打开 Android 手机的 tianji.apk 安装包，单击"安装"按钮。

（11）安装完毕后，单击"打开"按钮，运行程序。

（12）在界面中单击"确定使用"按钮。

（13）在"激活账号"界面中输入管理地址 192.168.1.110，激活码为 69138061（即第（2）步的激活码），将此设备激活绑定至 192.168.1.110 的 admin 用户。

（14）单击"激活"按钮，开始激活设备。激活成功后，跳转到"安全配置"界面。

（15）单击"立即设置"按钮，界面提示"是否激活设备管理器？"。

（16）单击"激活"按钮，如返回"安全配置"界面，提示"请开启使用记录访问权限"，则单击"立即设置"按钮。

（17）在跳转的界面中，单击"天机"应用。

（18）在跳转的界面中选择"允许访问使用记录"选项。

（19）返回"安全配置"界面，单击"进入工作区"按钮。

（20）发现成功进入工作区，说明配置成功。

（21）单击面板左侧导航栏中的"设备管理"按钮→单击"设备管理"菜单命令按钮，进入"设备管理"页面。在这里可以查看"设备管理人""注册邮箱""型号""系统版本""设备状态"等信息。

（22）单击面板左侧导航栏中的"添加标签"按钮,进入设备标签列表显示界面。单击"添加标签"按钮。

（23）在配置信息页面中,"标签名称"选项中选择"研发部"。单击"确认"按钮,如图1-161所示。

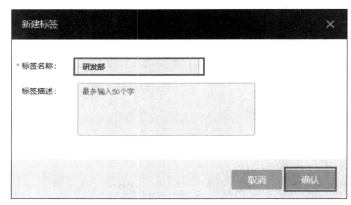

图 1-161 配置标签信息

（24）标签创建后,设备标签列表界面会显示新创建的标签信息,如图1-162所示。

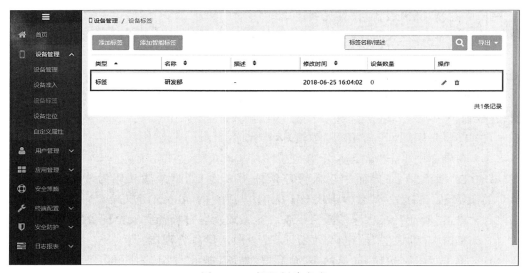

图 1-162 标签创建完成

（25）单击面板左侧导航栏中的"设备管理"按钮,选中实验设备,单击"操作"按钮,如图1-163所示。

（26）单击"关联标签"按钮,如图1-164所示。

（27）选中标签"研发部",单击"确认"按钮,如图1-165所示。

图 1-163　配置设备标签

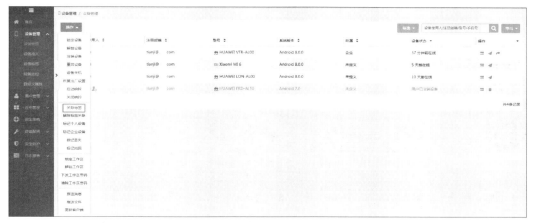

图 1-164　单击"关联标签"按钮

图 1-165　关联标签

（28）单击面板左侧导航栏中的"安全策略"菜单命令，如图 1-166 所示。

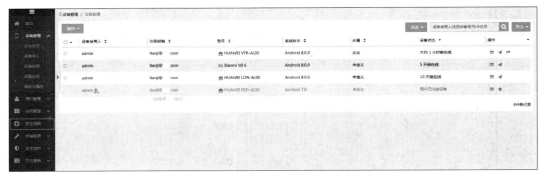

图 1-166　进入安全策略

（29）单击"添加安全策略"按钮，如图 1-167 所示。

图 1-167　添加安全策略

（30）打开"标签"选项卡，选择"研发部"，如图 1-168 所示。

图 1-168　选择下发范围

（31）单击"策略名称"按钮进入策略名称配置页面。"策略名称"文本框中填写"安全策略"，如图 1-169 所示。

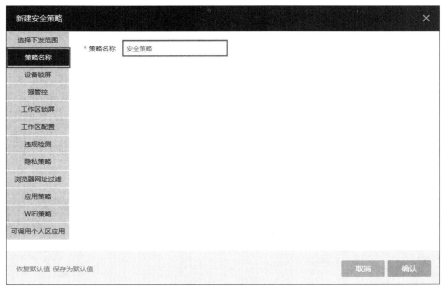

图 1-169　配置策略名称

（32）单击"违规检测"按钮进入违规检测配置页面，单击"配置"按钮，如图 1-170 所示。

图 1-170　单击"违规检测"按钮

（33）在配置信息界面中，勾选"检测连接到非法 WiFi"选项，"执行"选择"禁止进入工作区"选项，如图 1-171 所示。

（34）选择"WiFi 策略"菜单命令进入 W-iFi 策略配置页面，单击"配置"按钮，如图 1-172 所示。

（35）在配置信息界面中，单击"请选择类型"列表框选择"非法 WiFi 名单"选项，在

图 1-171　配置规则

图 1-172　选择"WiFi 策略"菜单命令

"标识符"文本框中填写"lab",在"MAC 地址"文本框中填写"48:7d:2e:a5:88:85"(以实际 MAC 地址为准),在"描述"文本框中填写"非法 WiFi",单击"添加"按钮,如图 1-173 所示。

图 1-173　配置规则

（36）查看添加成功的信息，单击"确认"按钮，如图 1-174 所示。

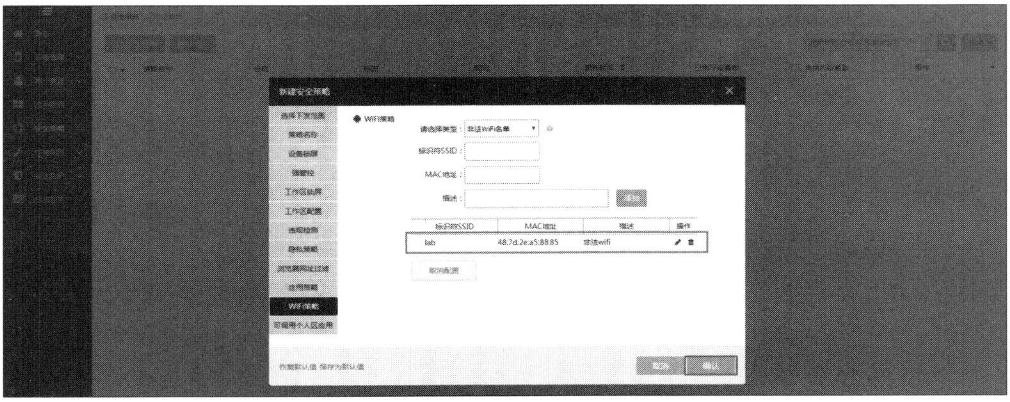

图 1-174　单击"确认"按钮

（37）安全策略执行成功，可以看到目前"已执行设备数"为 1，如图 1-175 所示。

图 1-175　执行安全策略

【实验预期】

移动终端设备禁止进入工作区。

【实验结果】

打开移动终端设备的安全工作区，显示被禁止进入工作区，如图 1-176 所示。

【实验思考】

在 WiFi 配置中设置 WiFi 白名单，查看结果。

1.3.5　浏览器书签配置实验

【实验目的】

掌握使用移动终端安全管理系统设置安全书签的方法。

【知识点】

设备准入、安全策略、设备管理。

图 1-176　查看结果

【场景描述】

A公司为便于业务推广,将业务相关内容分类整理后放置在网站中,需要向业务人员的移动办公终端统一下发相关业务链接地址。运维工程师小王通过配置移动终端安全管理系统的书签配置功能向相关移动办公终端下发,请帮助小王实现书签配置管理。

【实验原理】

管理员通过终端配置功能模块可以远程给移动终端设备下发浏览器书签的配置描述文件,不需要用户手动烦琐地在移动终端上进行一步步的操作配置。管理员通过输入书签组名字、网站名称、网址URL等信息,选择配置文件下发的范围,可以将具体的地址推送到终端设备上。

【实验设备】

安全设备:移动终端安全管理系统设备1台。

网络设备:无线AP 1台。

移动终端:Android手机1台。

主机终端:Windows 7主机1台。

【实验拓扑】

实验拓扑如图1-177所示。

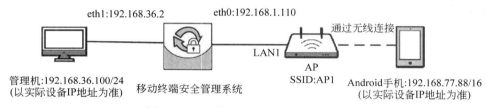

图1-177 浏览器书签配置实验拓扑图

【实验思路】

(1)进入移动终端安全管理系统。

(2)添加设备准入规则。

(3)配置Android手机。

(4)编辑并执行安全书签。

(5)查看结果。

【实验步骤】

(1)登录实验平台对应拓扑图左侧的管理机,在管理机中打开浏览器,在地址栏中输入移动终端安全管理系统的地址https://192.168.1.110(以实际设备IP地址为准),在登录界面中输入对应的管理员账号tianji@gongsi.com、密码tianji以及验证码(以实际的账号和密码为准),单击"登录"按钮,即可进入控制台管理界面进行相应管理员操作。

(2)选择面板左侧导航栏中的"用户管理"→"用户管理"菜单命令,进入"用户管理"

界面,可见 admin 用户,它的激活码为 69138061,用于验证可信手机与设备的连接。

（3）配置准入规则。选择管理界面左侧"设备管理"→"设备准入"菜单命令。

（4）在"设备准入"界面中,勾选"限制系统"复选框,"系统类型"选择 Android,其他保持默认不变。

（5）单击"保存"按钮,成功配置准入策略。

（6）配置 Android 手机的网络连接,打开实验平台对应拓扑图右侧的 Android 手机,单击 Android 手机中的"设置"应用。

（7）单击 WLAN 设置,设置无线连接。

（8）开启 WLAN 设置,在 WiFi 列表中连接无线网络,并输入密码(以实际为准)。

（9）单击"连接"按钮,成功连接此无线网络。

（10）为 Android 手机安装 tianji.apk,此文件负责连接手机和设备。首先通过某个通信软件将此 APK 文件传输至手机终端,接着打开 Android 手机的 tianji.apk 安装包,单击"安装"按钮。

（11）安装完毕后,单击"打开"按钮,运行程序。

（12）在界面中单击"确定使用"按钮。

（13）在"激活账号"界面中输入管理地址 192.168.1.110,激活码为 69138061(即第(2)步的激活码),将此设备激活绑定至 192.168.1.110 的 admin 用户。

（14）单击"激活"按钮,开始激活设备。激活成功后,跳转到"安全配置"界面。

（15）单击"立即设置"按钮,界面提示"是否激活设备管理器?"。

（16）单击"激活"按钮,如返回"安全配置"界面,提示"请开启使用记录访问权限",则单击"立即设置"按钮。

（17）在跳转的界面中,单击"天机"应用。

（18）在跳转的界面中选择"允许访问使用记录"选项。

（19）返回"安全配置"界面,单击"进入工作区"按钮。

（20）发现成功进入工作区,说明配置成功。

（21）选择面板左侧导航栏中的"设备管理"→"设备管理"菜单命令,进入"设备管理"页面。在这里可以查看"设备管理人""注册邮箱""型号""系统版本""设备状态"等信息。

（22）选择面板左侧导航栏中的"添加标签"菜单命令,进入设备标签列表显示界面。单击"添加标签"按钮。

（23）在配置信息页面中,"标签名称"中填写"研发部",单击"确认"按钮。

（24）标签创建完成后,设备标签列表界面会显示新创建的标签信息。

（25）选择面板左侧导航栏中的"设备管理",选中实验设备,单击"操作"按钮。

（26）选择"关联标签"菜单命令。

（27）选中标签"研发部",单击"确认"按钮。

（28）单击面板左侧导航栏中的"终端配置"按钮→单击"书签配置"菜单命令。

（29）单击"添加书签"按钮。

（30）在"书签组名字"文本框中填写"安全书签",在"网站名称"文本框中填写"奇安信",在"网址"文本框中填写"www.qianxin.com"。单击"新增"按钮,如图 1-178 所示。

x

图 1-178　添加书签组

（31）打开"标签"选项卡，如图 1-179 所示。

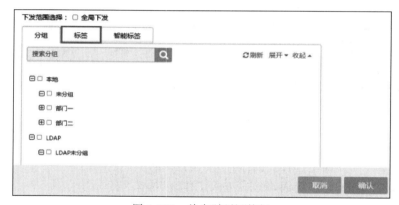

图 1-179　单击"标签"按钮

（32）选择"研发部"，单击"确认"按钮，如图 1-180 所示。

图 1-180　单击"确认"按钮

（33）配置书签执行成功,可以看到目前"已执行设备"数为 1,如图 1-181 所示。

图 1-181　执行安全书签

【实验预期】

移动终端设备安全工作区中浏览器可以查看到下发的安全书签。

【实验结果】

（1）打开实验平台对应拓扑图右侧的 Android 手机,在移动终端设备安全工作区中打开浏览器,如图 1-182 所示。

（2）单击"列表"按钮,如图 1-183 所示。

图 1-182　打开浏览器

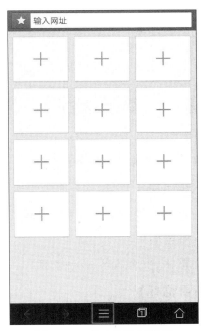

图 1-183　单击"列表"按钮

（3）单击"收藏/历史"按钮,如图 1-184 所示。

（4）浏览器中可以查看到已经下发的安全书签，如图 1-185 所示。

图 1-184　单击"收藏/历史"选项

图 1-185　查看结果

【实验思考】

（1）在一个书签组中添加多个书签，查看结果。

（2）添加多个安全书签组，查看结果。

1.4　数据检测与隔离

1.4.1　违规检测实验

【实验目的】

掌握移动终端安全管理系统管理移动终端的违规操作行为的方法。

【知识点】

设备准入、安全策略、设备管理。

【场景描述】

A 公司出于安全性考虑，不允许员工的移动办公手机随意安装未知软件、随意变更 SIM 卡等，安全运维工程师需要通过配置移动终端安全管理系统解决这些安全问题。小王该如何操作呢？

【实验原理】

管理员可以通过移动终端安全管理系统的"安全策略"模块,管理配置设备的违规操作,可以检测设备终端是否存在违规操作,并执行相应的应急操作,例如禁止进入操作区等。违规检测包括检测到设备永久 Root,设备有病毒,设备更换 SIM 卡,设备连接到非法 WiFi 等。

【实验设备】

安全设备:移动终端安全管理系统设备 1 台。

网络设备:无线 AP 1 台。

移动终端:Android 手机 1 台。

主机终端:Windows 7 主机 1 台。

【实验拓扑】

实验拓扑如图 1-186 所示。

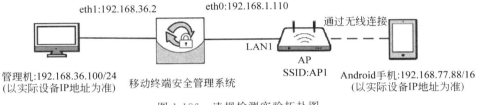

图 1-186　违规检测实验拓扑图

【实验思路】

(1) 进入移动终端安全管理系统。

(2) 添加设备准入规则。

(3) 配置 Android 手机。

(4) 编辑并执行安全策略。

(5) 查看结果。

【实验步骤】

(1) 登录实验平台对应拓扑图左侧的管理机,在管理机中打开浏览器,在地址栏中输入移动安全终端设备的地址 https://192.168.1.110(以实际设备 IP 地址为准),在登录界面中输入对应的管理员账号 tianji@gongsi.com、密码 tianji 以及验证码(以实际的账号和密码为准),单击"登录"按钮,即可进入控制台管理界面进行相应管理员操作。

(2) 选择面板左侧导航栏中的"用户管理"→"用户管理"菜单命令,进入"用户管理"界面,可见 admin 用户,它的激活码为 69138061,用于验证可信手机与设备的连接。

(3) 配置准入规则。选择管理界面左侧"设备管理"→"设备准入"菜单命令。

(4) 在"设备准入"界面中勾选"限制系统"复选框,"系统类型"列表框选择 Android,其他保持默认不变。

(5) 单击"保存"按钮,成功配置准入策略。

（6）配置 Android 手机的网络连接,打开实验平台对应拓扑图右侧的 Android 手机,单击 Android 手机中的"设置"应用。

（7）单击 WLAN 设置,设置无线连接。

（8）开启 WLAN 设置,在 WiFi 列表中连接无线网络,并输入密码。

（9）单击"连接"按钮后,成功连接此无线网络。

（10）为 Android 手机安装 tianji.apk,此文件负责连接手机和设备。首先通过某个通信软件将此 APK 文件传输至手机终端,接着打开 Android 手机的 tianji.apk 安装包,单击"安装"按钮。

（11）安装完毕后,单击"打开"按钮,运行程序。

（12）在界面中单击"确定使用"按钮。

（13）在"激活账号"界面中输入管理地址 192.168.1.110,激活码为 69138061（即第（2）步的激活码）,将此设备激活绑定至 192.168.1.110 的 admin 用户。

（14）单击"激活"按钮,开始激活设备。激活成功后,跳转到"安全配置"界面。

（15）单击"立即设置"按钮,界面提示"是否激活设备管理器?"。

（16）单击"激活"按钮,如返回"安全配置"界面,提示"请开启使用记录访问权限",则单击"立即设置"按钮。

（17）在跳转的界面中,单击"天机"应用。

（18）在跳转的界面中选择"允许访问使用记录"选项。

（19）返回"安全配置"界面,单击"进入工作区"按钮。

（20）发现成功进入工作区,说明配置成功。

（21）选择面板左侧导航栏中的"设备管理"→"设备管理"菜单命令,进入"设备管理"页面。在这里可以查看"设备管理人""注册邮箱""型号""系统版本""设备状态"等信息。

（22）选择面板左侧导航栏中的"添加标签"菜单命令,进入设备标签列表显示界面。单击"添加标签"按钮。

（23）在配置信息页面中,"标签名称"选项中选择"研发部",单击"确认"按钮。

（24）标签创建完成后,设备标签列表界面会显示新创建的标签信息。

（25）单击面板左侧导航栏中的"设备管理"按钮,选中实验设备,单击"操作"按钮。

（26）单击"关联标签"菜单命令。

（27）选中标签"研发部",单击"确认"按钮。

（28）选择面板左侧导航栏中的"安全策略"菜单命令。

（29）单击"添加安全策略"按钮。

（30）打开"标签"选项卡,选择标签"研发部"。

（31）单击"策略名称"按钮进入策略名称配置页面。在"策略名称"文本框中填写"安全策略",如图 1-187 所示。

（32）单击"违规检测"菜单命令进入违规检测配置页面,单击"配置"按钮,如图 1-188 所示。

（33）勾选"检测到设备更换 SIM 卡"复选框,在"执行"列表框中选择"禁止进入工作区",单击"确认"按钮,如图 1-189 所示。

图 1-187　配置策略名称

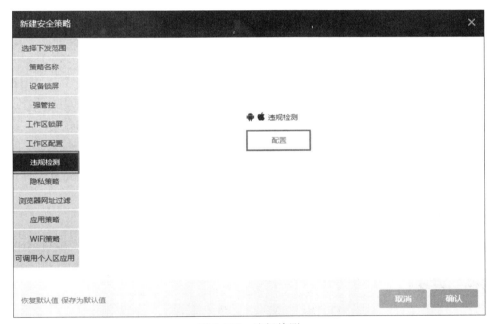

图 1-188　违规检测

（34）安全策略执行成功，可以看到目前"已执行设备数"为 1，如图 1-190 所示。

【实验预期】

更换移动终端的 SIM 卡后，发现移动终端被禁止进入设备工作区。

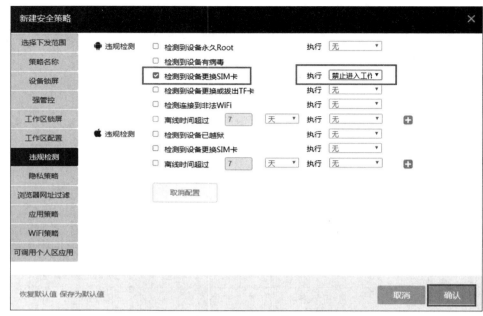

图 1-189　配置工作区

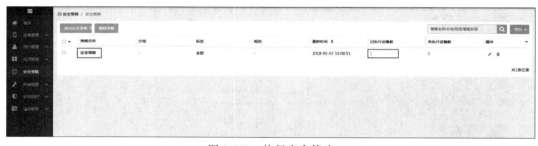

图 1-190　执行安全策略

【实验结果】

打开实验平台对应拓扑图右侧的 Android 手机,在移动终端设备中显示设备已违规,禁止进入工作区,如图 1-191 所示。

【实验思考】

(1) 在安全策略违规检测中选择"检测到设备永久 Root",查看结果。

(2) 在安全策略违规检测中选择"检测到设备有病毒",查看结果。

1.4.2　违规网址过滤实验

【实验目的】

掌握使用移动终端安全管理系统设置浏览器网址过滤功能的方法。

【知识点】

设备准入、安全策略、设备管理。

【场景描述】

A 公司的移动办公终端中浏览器仅允许浏览公司指定的网址，为此运维工程师小王需要配置移动终端安全管理系统中的浏览器网址过滤功能实现对指定网址的访问，请帮助小王配置移动终端安全管理系统的浏览器网站过滤功能。

【实验原理】

管理员可以通过移动终端安全管理系统的"安全策略"模块，管理配置浏览器网址过滤，可以设置允许终端浏览器访问网站的 URL 和不允许访问的网站 URL。

【实验设备】

安全设备：移动终端安全管理系统设备 1 台。

网络设备：无线 AP 1 台。

移动终端：Android 手机 1 台。

主机终端：Windows 7 主机 1 台。

图 1-191　查看结果

【实验拓扑】

实验拓扑如图 1-192 所示。

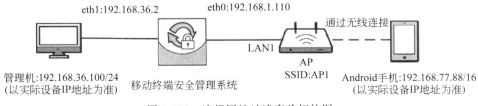

图 1-192　违规网址过滤实验拓扑图

【实验思路】

（1）进入移动终端安全管理系统。

（2）添加设备准入规则。

（3）配置 Android 手机。

（4）编辑并执行安全策略。

（5）查看结果。

【实验步骤】

（1）登录实验平台对应拓扑图左侧的管理机，在管理机中打开浏览器，在地址栏中输入移动终端安全管理系统的地址 https://192.168.1.110(以实际设备 IP 地址为准),在登录界面中输入对应的管理员账号 tianji@gongsi.com、密码 tianji 以及验证码(以实际的账号和密码为准),单击"登录"按钮,即可进入控制台管理界面进行相应管理员操作。

(2)选择面板左侧导航栏中的"用户管理"→"用户管理"菜单命令,进入"用户管理"界面,可见 admin 用户,它的激活码为 69138061,用于验证可信手机与设备的连接。

(3)配置准入规则。选择管理界面左侧"设备管理"→"设备准入"菜单命令。

(4)在"设备准入"界面中,勾选"限制系统"复选框,在"系统类型"列表框中选择 Android,其他保持默认不变,如图 1-193 所示。

图 1-193　原设备准入策略

(5)单击"保存"按钮,成功配置准入策略,如图 1-194 所示。

(6)配置 Android 手机的网络连接,打开实验平台对应拓扑图右侧的 Android 手机,单击 Android 手机中的"设置"应用,如图 1-195 所示。

(7)单击 WLAN 设置,设置无线连接。

(8)开启 WLAN 设置,在 WiFi 列表中连接无线网络,并输入密码(以实际为准)。

(9)单击"连接"按钮,成功连接此无线网络。

(10)为 Android 手机安装 tianji.apk,此文件负责连接手机和设备。首先通过某个通信软件将此 APK 文件传输至手机终端,接着打开 Android 手机的 tianji.apk 安装包,单击"安装"按钮。

(11)安装完毕后,单击"打开"按钮,运行程序。

图 1-194　成功配置策略　　　　　　图 1-195　单击"设置"应用

（12）在界面中单击"确定使用"按钮。

（13）在"激活账号"界面中输入管理地址 192.168.1.110,激活码为 69138061(即第
(2)步的激活码),将此设备激活绑定至 192.168.1.110 的 admin 用户。

（14）单击"激活"按钮,开始激活设备。激活成功后,跳转到"安全配置"界面。

（15）单击"立即设置"按钮,界面提示"是否激活设备管理器?"。

（16）单击"激活"按钮,如返回"安全配置"界面,提示"请开启使用记录访问权限",则
单击"立即设置"按钮,如图 1-196 所示。

（17）在跳转的界面中,单击"天机"应用。

（18）在跳转的界面中选择"允许访问使用记录"选项。

（19）返回"安全配置"界面,单击"进入工作区"按钮。

（20）发现成功进入工作区,说明配置成功,如图 1-197 所示。

（21）选择面板左侧导航栏中的"设备管理"→"设备管理"菜单命令,进入"设备管理"
页面。在这里可以查看"设备管理人""注册邮箱""型号""系统版本""设备状态"等信息。

（22）选择面板左侧导航栏中的"添加标签"菜单命令,进入设备标签列表显示界面。
单击"添加标签"按钮。

（23）在配置信息页面中,"标签名称"文本框中填写"研发部",单击"确认"按钮。

（24）标签创建完成后,设备标签列表界面会显示新创建的标签信息。

（25）选择面板左侧导航栏中的"设备管理"菜单命令,选中实验设备,单击"操作"
按钮。

图 1-196　配置记录访问

图 1-197　成功进入工作区

（26）单击"关联标签"按钮。

（27）选中"研发部"标签，单击"确认"按钮。

（28）选择面板左侧导航栏中的"安全策略"菜单命令。

（29）单击"添加安全策略"按钮。

（30）打开"标签"选项卡，选择"研发部"标签。

（31）打开"策略名称"选项卡进入策略名称配置页面。在"策略名称"文本框中填写"安全策略"。

（32）单击"浏览器网址过滤"图标进入浏览器网址过滤配置页面，单击"配置"按钮。

（33）在配置信息界面中，"选择过滤类型"菜单选择"不允许访问"选项，在"名称"文本框中填写"限制访问"，在"域名"文本框中填写"www.gongsi.com"，单击"添加"按钮。

（34）单击"确认"按钮。

（35）安全策略执行成功，可以看到目前"已执行设备数"为 1。

【实验预期】

移动终端设备安全工作区中浏览器无法访问限制的网址。

【实验结果】

（1）打开实验平台对应拓扑图右侧的 Android 手机，如图 1-198 所示。

图 1-198　移动终端设备界面

（2）在移动终端设备安全工作区中打开浏览器，如图 1-199 所示。

（3）在浏览器地址栏中输入"www.gongsi.com"。

（4）浏览器中显示访问的网址已被限制，如图 1-200 所示。

图 1-199 打开浏览器

图 1-200 查看结果

【实验思考】

（1）在安全策略违规检测中选择"检测到设备永久 Root"，查看结果。

（2）在安全策略违规检测中选择"检测到设备有病毒"，查看结果。

1.4.3 远程数据擦除实验

【实验目的】

掌握移动终端设备注销 Android 手机设备的方法。

【知识点】

设备准入、远程数据擦除。

【场景描述】

A 公司的业务人员小李的手机不小心丢失了，为了避免公司内部办公信息泄漏，运维工程师小王需要对该业务人员移动终端相关的数据进行擦除，请帮助小王对该移动终端数据进行擦除。

【实验原理】

管理员在"设备管理"→"设备管理"主界面中单击"操作"按钮→单击"注销设备"按钮

即可擦除移动终端数据,避免企业机密信息的泄漏。

【实验设备】

安全设备:移动终端安全管理系统设备 1 台。

网络设备:无线 AP 1 台。

移动终端:Android 手机 1 台。

主机终端:Windows 7 主机 1 台。

【实验拓扑】

实验拓扑如图 1-201 所示。

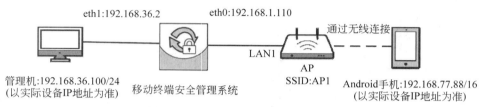

管理机:192.168.36.100/24
(以实际设备IP地址为准)　移动终端安全管理系统　AP
SSID:AP1　Android手机:192.168.77.88/16
(以实际设备IP地址为准)

eth1:192.168.36.2　eth0:192.168.1.110　通过无线连接　LAN1

图 1-201　远程数据擦除实验拓扑图

【实验思路】

(1)进入移动终端安全管理系统。

(2)添加设备准入规则。

(3)配置 Android 手机。

(4)拍摄照片。

【实验步骤】

(1)登录实验平台对应拓扑图左侧的管理机,在管理机中打开浏览器,在地址栏中输入移动终端安全管理系统的地址 https://192.168.36.2,在登录界面中输入对应的管理员账号 admin、密码 tianji 和验证码(以实际的账号和密码为准),以实际为准,单击“登录”按钮,即可进入控制台管理界面进行相应管理员操作。

(2)选择面板左侧导航栏中的“用户管理”→“用户管理”菜单命令,进入“用户管理”界面,可见 admin 用户,它的激活码为 69138061,用于验证可信手机与设备的连接。

(3)配置准入规则。单击管理界面左侧“设备管理”按钮→单击“设备准入”菜单命令。

(4)在“设备准入”界面中勾选“限制系统”复选框,“系统类型”选择 Android,其他保持默认不变。

(5)单击“保存”按钮,成功配置准入策略。

(6)配置 Android 手机的网络连接,打开实验平台对应拓扑图右侧的 Android 手机,单击 Android 手机中的“设置”应用。

(7)单击 WLAN 设置,设置无线连接。

(8)开启 WLAN 设置,在 WiFi 列表中连接无线网络,并输入密码(以实际为准)。

（9）单击"连接"按钮，成功连接此无线网络。

（10）为 Android 手机安装 tianji.apk，此文件负责连接手机和设备。首先打开 Android 手机的 tianji.apk 安装包，单击"安装"按钮。

（11）安装完毕后，单击"打开"按钮，运行程序。

（12）在界面中单击"确定使用"按钮。

（13）在"激活账号"界面中输入管理地址 192.168.1.110，激活码为 69138061（即第（2）步的激活码），将此设备激活绑定至 192.168.1.110 的 admin 用户，如图 1-202 所示。

（14）单击"激活"按钮，开始激活设备。激活成功后，跳转到"安全配置"界面。

（15）单击"立即设置"按钮，界面提示"是否激活设备管理器？"。

（16）单击"激活"按钮，如返回到"安全配置"界面，提示"请开启使用记录访问权限"，则单击"立即设置"按钮。

（17）在跳转的界面中，单击"天机"应用。

（18）在跳转的界面中选择"允许访问使用记录"选项。

（19）返回"安全配置"界面，单击"进入工作区"按钮。

（20）发现成功进入工作区，说明配置成功。

（21）切换到第二个界面，打开"相机"应用。

（22）打开相机后，随意拍一张照片。

（23）返回工作区界面，单击"相册"应用。

（24）在相册中可见拍摄的照片，如图 1-203 所示。

图 1-202　激活设备

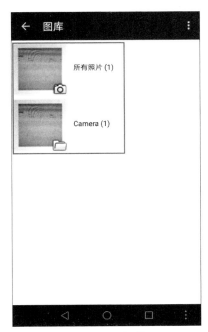

图 1-203　相册

【实验预期】

注销设备会擦除所有工作区内的数据。

【实验结果】

（1）登录实验平台对应拓扑图左侧的管理机，在管理机中打开浏览器，在地址栏中输入移动终端安全管理系统的地址 https：//192.168.36.2，在登录界面中输入对应的管理员账号 admin、密码 tianji 和验证码（以实际的账号和密码为准），单击"登录"按钮，即可进入控制台管理界面进行相应管理员操作。

（2）单击面板左侧导航栏中的"设备管理"按钮→单击"设备管理"菜单命令，在界面中可见目前移动终端的状态。勾选此移动终端信息左侧的方框，如图 1-204 所示。

图 1-204　设置设备信息

（3）单击"操作"按钮→单击"注销设备"菜单命令，注销此移动终端，如图 1-205 所示。

图 1-205　注销设备

（4）在弹出的"注销设备"界面中，输入"注销理由"为"实验需求"，按图片输入验证码，如图 1-206 所示。

（5）单击"确认"按钮，成功注销设备。单击"天机"应用，安装后进入工作区，单击"相册"应用，可见之前拍摄的照片已被擦除，如图 1-207 所示。

图 1-206　注销设备

图 1-207　数据被擦除

【实验思考】

（1）注销后的数据可以恢复吗？

（2）"注销设备"和"恢复出厂设置"有区别吗？

1.4.4　数据隔离实验

【实验目的】

学习移动终端设备数据隔离的操作方法，最终能够保护企业数据不被窃取。

【知识点】

设备准入、公私数据隔离、沙箱。

【场景描述】

为避免移动终端中个人数据与企业数据之间数据混杂，A 公司使用移动终端管理系统对企业数据进行安全隔离和加密，通过沙箱隔离个人和企业数据，用以保障企业数据安全。请帮助运维工程师小王配置移动终端管理系统对企业数据进行隔离，使得外部应用和数据线不能复制隔离的企业数据。

【实验原理】

通过移动终端安全系统可以在终端上建立企业安全独立工作区,企业所有的数据只能在工作区里面运行,个人数据不能进入工作区,真正地实现公私数据隔离,确保企业数据的安全。

【实验设备】

安全设备:移动终端安全管理系统设备 1 台。

网络设备:无线 AP 1 台。

移动终端:Android 手机 1 台。

主机终端:Windows 7 主机 1 台。

【实验拓扑】

实验拓扑如图 1-208 所示。

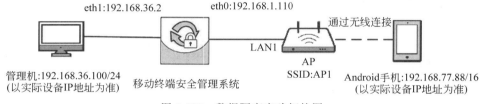

图 1-208　数据隔离实验拓扑图

【实验思路】

(1) 进入移动终端安全管理系统。

(2) 添加设备准入规则。

(3) 配置 Android 手机。

(4) 从个人区获取工作区数据。

(5) 从工作区获取个人区数据。

【实验步骤】

(1) 登录实验平台对应拓扑图左侧的管理机,在管理机中打开浏览器,在地址栏中输入移动终端安全管理系统的地址 https://192.168.36.2,在登录界面中输入对应的管理员账号 admin、密码 tianji 和验证码(以实际的账号和密码为准),以实际为准,单击"登录"按钮,即可进入控制台管理界面进行相应管理员操作。

(2) 选择面板左侧导航栏中的"用户管理"→"用户管理"菜单命令,进入"用户管理"界面,可见 admin 用户,它的激活码为 69138061,用于验证可信手机与设备的连接。

(3) 配置准入规则。选择管理界面左侧"设备管理"→"设备准入"菜单命令。

(4) 在"设备准入"界面中勾选"限制系统"复选框,"系统类型"选择 Android,其他保持默认不变,如图 1-209 所示。

(5) 单击"保存"按钮,成功配置准入策略,如图 1-210 所示。

(6) 配置 Android 手机的网络连接,打开实验平台对应拓扑图右侧的 Android 手机,

图 1-209　原设备准入策略

图 1-210　成功配置策略

单击 Android 手机的"设置"应用,如图 1-211 所示。

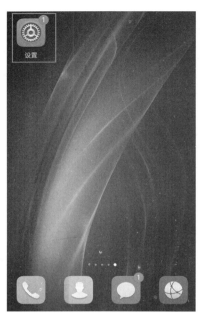

图 1-211　单击"设置"应用

(7) 单击 WLAN 设置,设置无线连接。

(8) 开启 WLAN 设置,在 WiFi 列表中连接无线网络,并输入密码(以实际为准)。

(9) 单击"连接"按钮,成功连接此无线网络。

(10) 为 Android 手机安装 tianji.apk 安装包,此文件负责连接手机和设备。首先通过某个通信软件将此 APK 文件传输至手机终端,接着在手机终端打开 tianji.apk 安装包,单击"安装"按钮。

(11) 安装完毕后,单击"打开"按钮,运行程序。

(12) 在界面中单击"确定使用"按钮。

(13) 在"激活账号"界面中输入管理地址 192.168.1.110,激活码为 69138061(即第(2)步的激活码),将此设备激活绑定至 192.168.1.110 的 admin 用户。

(14) 单击"激活"按钮,开始激活设备。激活成功后,跳转到"安全配置"界面。

(15) 单击"立即设置"按钮,界面提示"是否激活设备管理器?"。

(16) 单击"激活"按钮,如返回"安全配置"界面,提示"请开启使用记录访问权限",则单击"立即设置"按钮。

(17) 在跳转的界面中,单击"天机"应用。

(18) 在跳转的界面中选择"允许访问使用记录"选项。

(19) 返回至"安全配置"界面,单击"进入工作区"按钮。

(20) 发现成功进入工作区,说明配置成功。

【实验预期】

(1) 个人区无法获取工作区数据。

(2) 工作区可获取个人区数据。

【实验结果】

1. 个人区无法获取工作区数据

(1) 在个人区中,打开"文件管理",如图 1-212 所示。

(2) 单击"图片"应用,可见 Camera 文件夹存储的拍摄图片总数为 445,此处每个 Android 的操作情况有微小差别。后续在工作区中拍照,在此处查看

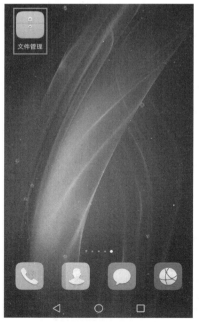

图 1-212　查看文件

图片总数是否变化,如图 1-213 所示。

（3）离开个人区,进入工作区,滑到其第二个界面上单击"相机"应用,如图 1-214 所示。

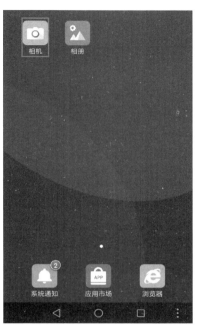

图 1-213　查看照相机图片　　　　　　　　图 1-214　打开照相机

（4）在照相机中拍摄一张照片,如图 1-215 所示。

图 1-215　拍摄照片

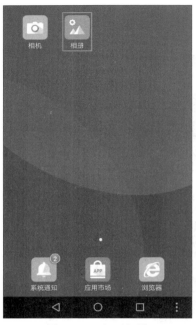

图 1-216　打开相册

Android 应用,如图 1-219 所示。

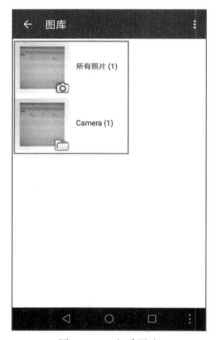

图 1-217　查看图库

（5）返回界面,单击"相册"应用,查看拍摄的照片,如图 1-216 所示。

（6）在相册中可见成功拍摄的照片,如图 1-217 所示。

（7）退出工作区,进入个人区。进入"文件管理"应用→单击"图片"分类选项,可见 Camera 目录文件总数为 445,保持不变,说明在个人区中无法获取工作区数据,如图 1-218 所示。

2. 工作区可获取个人区数据

（1）登录实验平台对应拓扑图左侧的管理机,在管理机中打开浏览器,在地址栏中输入移动安全终端设备的地址 https://192.168.36.2,在登录界面中输入对应的管理员账号 admin、密码 tianji 和验证码（以实际的账号和密码为准）,单击"登录"按钮,即可进入控制台管理界面进行相应管理员操作。

（2）返回设备的面板界面,选择面板左侧导航栏中的"应用管理"→"Android 平台"命令,进入"应用管理"界面,单击"添加 Android 应用"按钮,添加

图 1-218　查看照片总数

图 1-219　添加 Android 应用

（3）在"添加企业应用"界面中，"APK 文件"选择工具中的 youku.apk 安装包，"下发范围选择"勾选"全局下发"复选框，如图 1-220 所示。

图 1-220　添加应用

（4）单击"确认"按钮，应用已被成功添加，如图 1-221 所示。

（5）在 Android 手机的工作区界面中，单击"应用市场"应用，如图 1-222 所示。

（6）在"应用市场"界面中，可见"优酷"应用，单击"下载"按钮，如图 1-223 所示。

图 1-221　成功添加应用

图 1-222　打开应用市场　　　　　　　图 1-223　下载应用

（7）在下载好的界面中单击"安装"按钮，安装"优酷"应用，如图 1-224 所示。

（8）安装好应用后，单击"完成"按钮，如图 1-225 所示。

（9）返回个人区界面，可见成功安装的优酷软件，打开它，如图 1-226 所示。

（10）在弹出的提示界面中，单击右上角的×按钮，如图 1-227 所示。

（11）在软件主界面中，任意选择视频观看，在弹出的提示框中单击"始终允许"按钮，如图 1-228 所示。

（12）观看 2 分钟后，退出视频，选择"我的"→"历史记录"菜单命令，可见历史观看数据信息，如图 1-229 所示。

图 1-224　安装"优酷"应用

图 1-225　成功安装

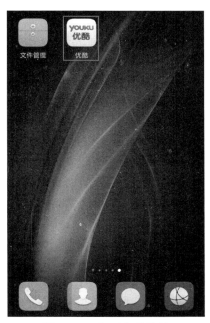

图 1-226　打开优酷软件

图 1-227　编辑优酷软件

（13）退出个人区，进入工作区。单击"应用市场"图标，打开"优酷"应用，如图 1-230
所示。

图 1-228　观看视频

图 1-229　查看历史信息

（14）在"优酷"界面中，选择"我的"→"历史记录"菜单命令，可见在个人区观看的历史数据，说明在工作区可获取个人区数据，如图 1-231 所示。

图 1-230　打开"优酷"应用

图 1-231　查看个人区数据

【实验思考】

在工作区能查看个人区应用的使用情况吗？

1.5　应用管理

1.5.1　企业应用管理实验

【实验目的】

掌握使用移动终端设备管理应用的功能。

【知识点】

设备准入、应用管理。

【场景描述】

A 公司为规范移动终端应用管理，通过配置企业应用市场实现应用的分发和管理。运维工程师小王需要对企业应用市场进行配置和管理，并检查企业应用市场的使用情况，请帮助小王配置和管理企业应用市场。

【实验原理】

管理员进入"应用管理"→"Android 平台"，能够添加 APK 应用程序至"应用市场"中，移动终端设备在工作区中只能下载安装已添加的 APK 应用程序，从而规范了移动终端应用的管理。

【实验设备】

安全设备：移动终端安全管理系统设备 1 台。

网络设备：无线 AP 1 台。

移动终端：Android 手机 1 台。

主机终端：Windows 7 主机 1 台。

【实验拓扑】

实验拓扑如图 1-232 所示。

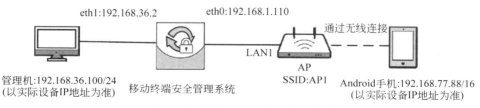

图 1-232　企业应用管理实验拓扑图

【实验思路】

（1）进入移动终端安全管理系统。

（2）添加设备准入规则。

（3）配置 Android 手机。

（4）上传优酷应用到应用管理中。

（5）安装优酷应用。

（6）上传蓝信应用到应用管理中。

（7）安装蓝信应用。

【实验步骤】

（1）登录实验平台对应拓扑图左侧的管理机，在管理机中打开浏览器，在地址栏中输入移动终端安全管理系统的地址 https://192.168.36.2，在登录界面中输入对应的管理员账号 admin、密码 tianji 和验证码（以实际的账号和密码为准），以实际为准，单击"登录"按钮，即可进入控制台管理界面进行相应管理员操作。

（2）单击面板左侧导航栏中的"用户管理"按钮→单击"用户管理"菜单命令，进入"用户管理"界面，可见 admin 用户，它的激活码为 69138061，用于验证可信手机与设备的连接。

（3）配置准入规则。单击管理界面左侧"设备管理"按钮→单击"设备准入"菜单命令。

（4）在"设备准入"界面中，勾选"限制系统"复选框，"系统类型"选择 Android，其他保持默认不变。

（5）单击"保存"按钮，成功配置准入策略。

（6）配置 Android 手机的网络连接，打开实验平台对应拓扑图右侧的 Android 手机，单击 Android 手机中的"设置"应用。

（7）单击 WLAN 设置，设置无线连接。

（8）开启 WLAN 设置，在 WiFi 列表中连接无线网络，并输入密码（以实际为准）。

（9）单击"连接"按钮，成功连接此无线网络。

（10）为 Android 手机安装 tianji.apk 安装包，此文件负责连接手机和设备。首先通过某个通信软件将此 APK 文件传输至手机终端，接着在手机终端打开 tianji.apk 安装包，单击"安装"按钮。

（11）安装完毕后，单击"打开"按钮，运行程序。

（12）在界面中单击"确定使用"按钮。

（13）在"激活账号"界面中，输入管理地址 192.168.1.110，激活码为 69138061（即第（2）步的激活码），将此设备激活绑定至 192.168.1.110 的 admin 用户。

（14）单击"激活"按钮，开始激活设备。激活成功后，跳转到"安全配置"界面。

（15）单击"立即设置"按钮，界面提示"是否激活设备管理器？"。

（16）单击"激活"按钮，如返回"安全配置"界面，提示"请开启使用记录访问权限"，则单击"立即设置"按钮。

（17）在跳转的界面中，单击"天机"应用。

（18）在跳转的界面中选择"允许访问使用记录"选项。

（19）返回至"安全配置"界面，单击"进入工作区"按钮。

（20）发现成功进入工作区，说明配置成功。

（21）返回设备的面板界面，单击面板左侧导航栏中的"应用管理"按钮→单击"Android 平台"菜单命令按钮，进入"应用管理"界面，单击"添加 Android 应用"按钮，添加 Android 应用。

（22）在"添加企业应用"界面中，"APK 文件"选择工具中的 youku.apk 安装包，"下发范围选择"勾选"全局下发"选项。

（23）单击"确认"按钮，成功在"应用管理"中添加"优酷"。

（24）在 Android 手机的工作区界面中，单击"应用市场"图标。

（25）在"应用市场"界面中，可见"优酷"应用，说明"优酷"应用被成功添加至应用市场中，单击"下载"按钮，下载"优酷"应用。

（26）下载成功后，在弹出的界面中单击"安装"按钮安装应用。

（27）安装好后，在界面中单击"打开"按钮，如出现权限提示，允许执行即可。

（28）成功打开"优酷"，下载的"优酷"正常运行，如图 1-233 所示。

图 1-233　成功打开"优酷"

（29）返回设备的面板界面，单击面板左侧导航栏中的"应用管理"按钮→单击"Android 平台"菜单命令按钮，进入"应用管理"界面，单击"添加 Android 应用"按钮，添加 Android 应用。

（30）在"添加企业应用"界面中，"APK 文件"选择工具中的 lanxin.apk 安装包，"下发范围选择"勾选"全局下发"选项,如图 1-234 所示。

图 1-234 添加企业应用

(31) 单击"确认"按钮,成功在"应用管理"中添加"蓝信"应用,此时在应用市场中添加了"蓝信"应用,如图 1-235 所示。

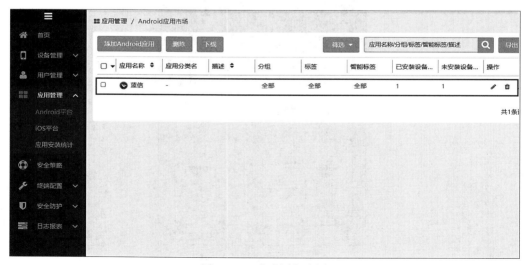

图 1-235 成功添加应用

(32) 在 Android 手机的工作区界面中,单击"应用市场"图标。

(33) 在"应用市场"界面中可见"蓝信"应用,说明"蓝信"应用被成功添加至应用市场中,单击"下载"按钮,下载"蓝信"应用,如图 1-236 所示。

（34）下载成功后,在弹出的界面中单击"安装"按钮安装应用,成功安装应用,如图 1-237 所示。

图 1-236　下载"蓝信"应用

图 1-237　安装"蓝信"应用

【实验预期】

（1）查看"优酷"应用的安装情况。

（2）查看"蓝信"应用的安装情况。

【实验结果】

1. 查看"优酷"的安装情况

（1）登录实验平台对应拓扑图左侧的管理机,在管理机中打开浏览器,在地址栏中输入移动终端安全管理系统的地址 https://192.168.36.2,在登录界面中输入对应的管理员账号 admin、密码 tianji 和验证码(以实际的账号和密码为准),单击"登录"按钮,即可进入控制台管理界面进行相应管理员操作。

（2）单击面板左侧导航栏中的"应用管理"按钮→单击"Android 平台"菜单命令,在"应用管理"界面中可见"优酷"的"已安装设备"为 1,说明 Android 手机设备成功安装了"优酷"应用,如图 1-238 所示。

（3）单击面板左侧导航栏中的"应用管理"按钮→单击"应用安装统计"菜单命令,在界面中右侧的搜索框中输入"优酷"后按 Enter 键搜索,如图 1-239 所示。

（4）可见成功搜索的"优酷"应用,其"已安装设备"列显示 1,有力地说明了应用已经安装至 Android 手机中,如图 1-240 所示。

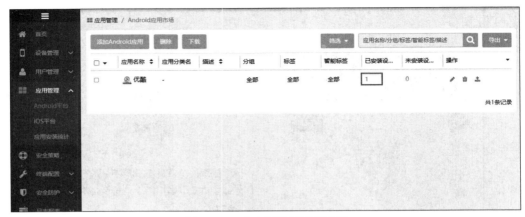

图 1-238　成功安装"优酷"应用

图 1-239　搜索"优酷"

图 1-240　"优酷"安装情况

2. 查看"蓝信"的安装情况

（1）登录实验平台对应拓扑图左侧的管理机，在管理机中打开浏览器，在地址栏中输入移动安全终端设备的地址 https://192.168.36.2，在登录界面中，输入对应的管理员账号 admin、密码 tianji 和验证码（以实际的账号和密码为准），以实际为准，单击"登录"按钮，即可进入控制台管理界面进行相应管理员操作。

（2）单击面板左侧导航栏中的"应用管理"按钮→单击"Android 平台"菜单命令，在"应用管理"界面中可见"蓝信"的已安装设备为 1，说明 Android 手机设备成功安装了"蓝信"应用，如图 1-241 所示。

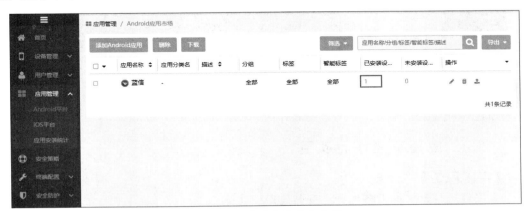

图 1-241　成功安装蓝信应用

（3）单击面板左侧导航栏中的"应用管理"按钮→单击"应用安装统计"菜单命令，在界面中右侧的搜索框中输入"蓝信"后按回车键搜索，如图 1-242 所示。

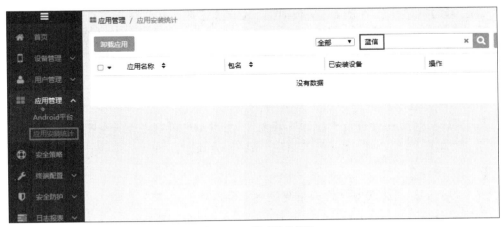

图 1-242　搜索"蓝信"

（4）可见成功搜索的"蓝信"应用，其"已安装设备"列显示 1，说明该应用已经安装至 Android 手机中，如图 1-243 所示。

图 1-243　"蓝信"安装情况

【实验思考】

通过移动终端安全管理系统设备能卸载"蓝信"应用吗？

1.5.2　应用安装统计实验

【实验目的】

掌握使用移动终端设备统计已安装应用的功能。

【知识点】

设备准入、应用管理、应用安装统计。

【场景描述】

A 公司的移动办公终端经过一段时间的运行,各移动办公终端都会安装许多应用程序,为统计连接移动办公终端安装的应用种类和分布,运维工程师小王需要使用移动终端安全管理系统中的应用统计功能,对移动办公终端中的应用进行统计,请帮助小王获取移动办公终端中应用安装情况。

【实验原理】

管理员通过"应用管理"→"应用安装统计"主界面可以直观地看到哪些设备安装了哪些应用,从而统计各移动终端安装的新应用软件,方便对其进行后续的管控工作。

【实验设备】

安全设备:移动终端安全管理系统设备 1 台。

网络设备:无线 AP 1 台。

移动终端:Android 手机 1 台。

主机终端:Windows 7 主机 1 台。

【实验拓扑】

实验拓扑如图 1-244 所示。

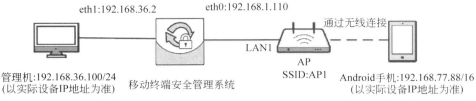

图 1-244 应用安装统计实验拓扑图

【实验思路】

（1）进入移动终端安全管理系统。

（2）添加设备准入规则。

（3）配置 Android 手机。

（4）上传"蓝信"应用到应用管理。

（5）上传"豌豆荚"应用到应用管理。

（6）上传"优酷"应用到应用管理。

（7）安装"蓝信"应用。

【实验步骤】

（1）登录实验平台对应拓扑图左侧的管理机，在管理机中打开浏览器，在地址栏中输入移动终端安全管理系统的地址 https://192.168.36.2，在登录界面中输入对应的管理员账号 admin、密码 tianji 和验证码（以实际的账号和密码为准），单击"登录"按钮，即可进入控制台管理界面进行相应管理员操作。

（2）选择面板左侧导航栏中的"用户管理"→"用户管理"菜单命令，进入"用户管理"界面，可见 admin 用户，它的激活码为 69138061，用于验证可信手机与设备的连接。

（3）配置准入规则。单击管理界面左侧"设备管理"按钮→单击"设备准入"菜单命令。

（4）在"设备准入"界面中，勾选"限制系统"复选框，"系统类型"选择 Android，其他保持默认不变。

（5）单击"保存"按钮，成功配置准入策略。

（6）配置 Android 手机的网络连接，打开实验平台对应拓扑图右侧的 Android 手机，单击 Android 手机中的"设置"应用。

（7）单击 WLAN 设置，设置无线连接。

（8）开启 WLAN 设置，在 WiFi 列表中连接无线网络，并输入密码（以实际为准）。

（9）单击"连接"按钮，成功连接此无线网络。

（10）为 Android 手机安装 tianji.apk 安装包，此文件负责连接手机和设备。首先通过某个通信软件将此 APK 文件传输至手机终端，接着在手机终端打开 tianji.apk 安装包，单击"安装"按钮。

（11）安装完毕后，单击"打开"按钮，运行程序。

（12）在界面中单击"确定使用"按钮。

（13）在"激活账号"界面中输入管理地址192.168.1.110，激活码为69138061（即第（2）步的激活码），将此设备激活绑定至192.168.1.110的admin用户。

（14）单击"激活"按钮，开始激活设备。激活成功后，跳转到"安全配置"界面。

（15）单击"立即设置"按钮，界面提示"是否激活设备管理器?"。

（16）单击"激活"按钮，如返回"安全配置"界面，提示"请开启使用记录访问权限"，则单击"立即设置"按钮。

（17）在跳转的界面中，单击"天机"应用。

（18）在跳转的界面中选择"允许访问使用记录"选项。

（19）返回至"安全配置"界面，单击"进入工作区"按钮。

（20）发现成功进入工作区，说明配置成功。

（21）返回到设备的面板界面，单击面板左侧导航栏中的"应用管理"按钮→单击"Android平台"菜单命令，进入"应用管理"界面，单击"添加Android应用"按钮，添加Android应用。

（22）在"添加企业应用"界面中，"APK文件"选择工具中的lanxin.apk安装包，"下发范围选择"勾选"全局下发"选项。

（23）单击"确认"按钮，成功在"应用管理"中添加"蓝信"应用。

（24）继续单击"添加Android应用"按钮，在弹出的"添加企业应用"界面中，单击"APK文件"右侧的"浏览"按钮，添加工具中的wandoujia.apk安装包，并勾选"全局下发"选项，如图1-245所示。

图1-245　添加应用

（25）单击"确认"按钮，成功添加"豌豆荚"应用。继续单击"添加Android应用"按钮,在弹出的"添加企业应用"界面中,单击"APK 文件"右侧的"浏览"按钮,添加工具中的 youku.apk 安装包,并勾选"全局下发"选项。

(26)单击"确认"按钮,三个应用已被成功添加,如图 1-246 所示。

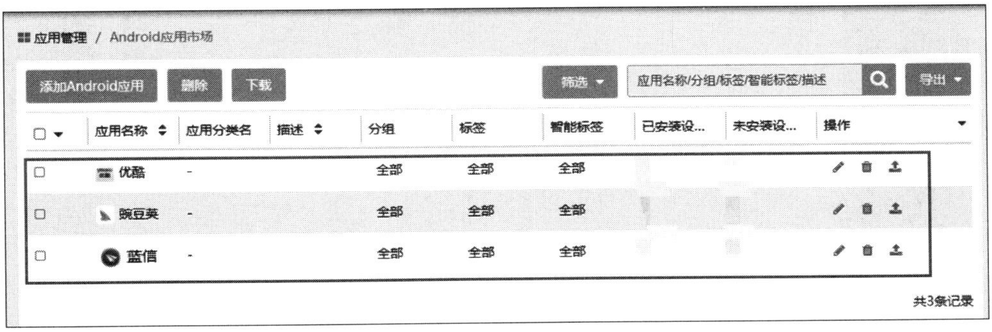

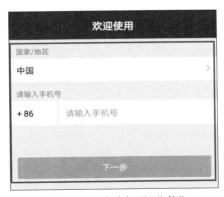

图 1-246　成功添加应用

(27)在 Android 手机的工作区界面中,单击"应用市场"图标。

(28)在"应用市场"界面中,可见"蓝信"应用,单击"下载"按钮,下载"蓝信"应用。

(29)下载成功后,在弹出的界面中单击"安装"按钮安装应用。

(30)安装好后,在界面中单击"打开"按钮。成功打开"蓝信"应用,下载的"蓝信"应用正常运行,如图 1-247 所示。

图 1-247　成功打开"蓝信"

【实验预期】

"蓝信"被移动终端安装,"优酷"和"豌豆荚"未被安装。

【实验结果】

(1)登录实验平台对应拓扑图左侧的管理机,在管理机中打开浏览器,在地址栏中输入移动终端安全管理系统的地址 https://192.168.36.2,在登录界面中输入对应的管理员账号 admin、密码 tianji 和验证码(以实际的账号和密码为准),单击"登录"按钮,即可进入控制台管理界面进行相应管理员操作。

(2)单击面板左侧导航栏中的"应用管理"按钮→单击"应用安装统计"菜单命令,在界面中可见目前移动终端安装的所有应用。在右侧的搜索框中输入"蓝信"后按 Enter 键搜索,如图 1-248 所示。

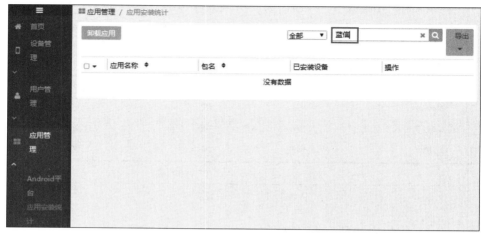

图 1-248　搜索"蓝信"应用

（3）可见成功搜索的"蓝信"应用,其"已安装设备"列显示 1,说明该应用已经安装至 Android 手机,如图 1-249 所示。

图 1-249　"蓝信"安装情况

（4）在右侧的搜索框中输入"豌豆荚"后按 Enter 键搜索,无结果,说明"豌豆荚"并没有安装,如图 1-250 所示。

（5）在右侧的搜索框中输入"优酷"后按 Enter 键搜索,无结果,说明"优酷"应用并没有安装,符合预期,如图 1-251 所示。

【实验思考】

"应用安装统计"中还检测到哪些常用手机应用?

图 1-250　未安装"豌豆荚"应用

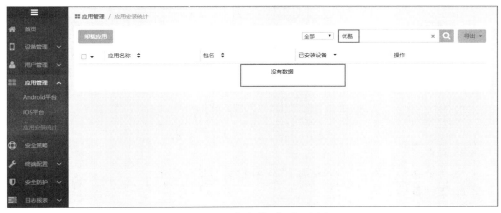

图 1-251　未安装"优酷"应用

1.6 日志管理实验

【实验目的】

掌握使用移动终端安全管理系统分析设备日志和管理员日志的方法。

【知识点】

设备准入,日志报表。

【场景描述】

A 公司运维部门张经理需要了解近期各部门管理人员使用移动终端安全管理系统的使用情况,要求运维工程师小王将近期的设备日志和管理员日志信息汇报上来。小王需要使用移动终端安全管理平台的日志报表功能,将符合条件的日志信息筛选并导出,请帮助小王实现日志报表的管理功能。

【实验原理】

管理员进入"日志报表",可见三种日志信息,分别为"设备日志""应用日志"和"管理员日志",它们分别记录设备、应用和管理员的活动信息,可以通过"导出日志"导出日志报表做分析报告。

【实验设备】

安全设备:移动终端安全管理系统设备 1 台。

网络设备:无线 AP 1 台。

移动终端:Android 手机 1 台。

主机终端:Windows 7 主机 1 台。

【实验拓扑】

实验拓扑如图 1-252 所示。

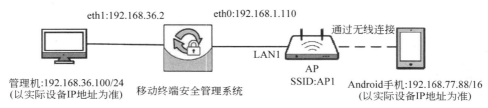

图 1-252　　日志管理实验拓扑图

【实验思路】

(1) 进入移动终端安全管理系统,产生管理员日志。

(2) 添加设备准入规则。

(3) 配置 Android 手机。

(4) 进入工作区,产生设备日志。

【实验步骤】

(1) 登录实验平台对应拓扑图左侧的管理机,在管理机中打开浏览器,在地址栏中输入移动终端安全管理系统的地址 https://192.168.36.2,在登录界面中输入对应的管理员账号 admin、密码 tianji 和验证码(以实际的账号和密码为准),单击"登录"按钮,即可进入控制台管理界面进行相应管理员操作。

(2) 单击面板左侧导航栏中的"用户管理"按钮→单击"用户管理"菜单命令按钮,进入"用户管理"界面,可见 admin 用户,它的激活码为 69138061,用于验证可信手机与设备的连接。

(3) 配置准入规则。单击管理界面左侧"设备管理"按钮→单击"设备准入"菜单命令按钮。

(4) 在"设备准入"界面中,勾选"限制系统"复选框,"系统类型"选择 Android,其他保持默认不变。

（5）单击"保存"按钮，成功配置准入策略。

（6）配置 Android 手机的网络连接，打开实验平台对应拓扑图右侧的 Android 手机，单击 Android 手机中的"设置"应用，如图 1-253 所示。

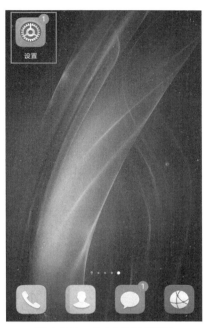

图 1-253　单击"设置"应用

（7）单击 WLAN 设置，设置无线连接。

（8）开启 WLAN 设置，在 WiFi 列表中连接无线网络，并输入密码（以实际为准）。

（9）单击"连接"按钮，成功连接此无线网络。

（10）为 Android 手机安装 tianji.apk 安装包，此文件负责连接手机和设备。首先通过某个通信软件将此 APK 文件传输至手机终端，接着在手机终端打开 tianji.apk 安装包，单击"安装"按钮。

（11）安装完毕后，单击"打开"按钮，运行程序。

（12）在界面中单击"确定使用"按钮。

（13）在"激活账号"界面中，输入管理地址 192.168.1.110，激活码为 69138061（即第（2）步的激活码），将此设备激活绑定至 192.168.1.110 的 admin 用户。

（14）单击"激活"按钮，开始激活设备。激活成功后，跳转到"安全配置"界面。

（15）单击"立即设置"按钮，界面提示"是否激活设备管理器？"。

（16）单击"激活"按钮，如返回到"安全配置"界面，提示"请开启使用记录访问权限"，则单击"立即设置"按钮。

（17）在跳转的界面中，单击"天机"应用。

（18）在跳转的界面中选择"允许访问使用记录"选项。

（19）返回至"安全配置"界面，单击"进入工作区"按钮。

（20）发现成功进入工作区，说明配置成功。

【实验预期】

（1）导出并分析设备日志。

（2）导出并分析管理员日志。

【实验结果】

1. 导出并分析设备日志

（1）登录实验平台对应拓扑图左侧的管理机，在管理机中打开浏览器，在地址栏中输入移动终端安全管理系统的地址 https://192.168.36.2，在登录界面中输入对应的管理员账号 admin、密码 tianji 和验证码（以实际的账号和密码为准），单击"登录"按钮，即可进入控制台管理界面进行相应管理员操作。

（2）单击面板左侧导航栏中的"日志报表"按钮→单击"设备日志"菜单命令，在界面中可见今日的设备活动信息，如图 1-254 所示。

图 1-254　设备日志

（3）导出昨日和今日的设备日志信息。"起始日期"选择"2018-05-03"（以实际时间为准），"结束日期"选择"2018-05-04"（以实际时间为准），具体日期根据做实验时间而定。选择"导出"→"导出为 XLS"菜单命令，导出此时间段的设备日志，如图 1-255 所示。

（4）打开导出的 XLS 表格，可见 2018 年 5 月 3 日到 2018 年 5 月 4 日设备的详细事件信息，例如在移动终端进入工作区，如图 1-256 所示。

2. 导出并分析管理员日志

（1）单击面板左侧导航栏中的"日志报表"按钮→单击"管理员日志"菜单命令，在界

图 1-255　导出设备日志

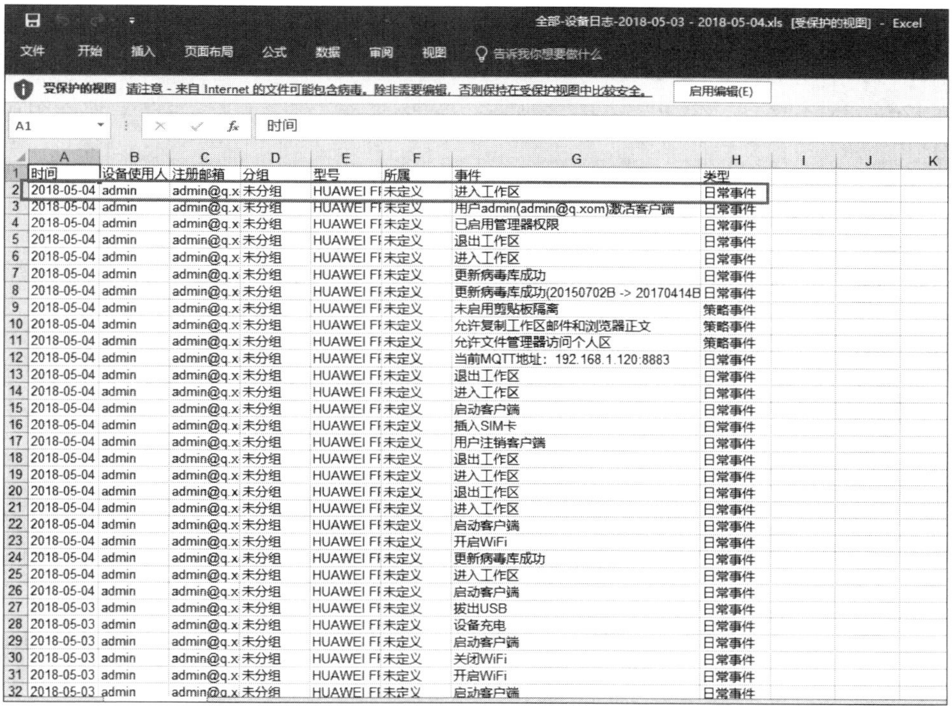

图 1-256　分析设备日志

面中可见管理员一天内的活动信息,如图 1-257 所示。

（2）导出一周内管理员的日志信息。"时间段"选择"一周内"选项,单击"导出"按钮→单击"导出为 XLS"菜单命令,导出此时间段的设备日志,如图 1-258 所示。

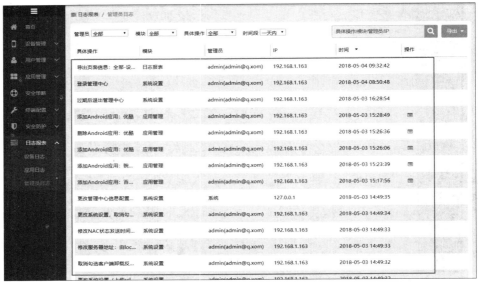

图 1-257　管理员日志

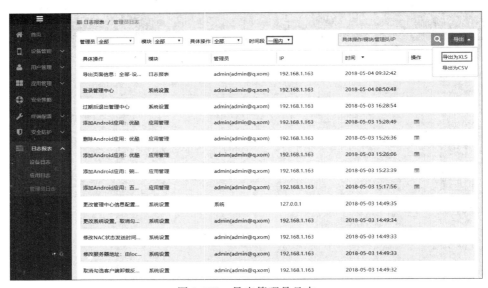

图 1-258　导出管理员日志

（3）打开导出的 XLS 表格，可见一周内管理员的详细活动信息，例如登录管理中心，如图 1-259 所示。

【实验思考】

思考一下，能尝试导出并分析应用日志吗？

图 1-259　分析管理员日志

第 2 章　移动安全无线入侵防御

奇安信无线入侵防御系统是奇安信集团面向企业无线应用环境推出的安全威胁发现与防护系统。系统基于奇安信在无线领域的攻防能力与自身安管的经验,将无线通信技术、无线攻防、数据分析与挖掘等技术相结合,确保企业的无线网络边界安全、可控。

奇安信企业无线安全防御系统,包括以下功能:①热点发现,添加热点白名单,热点黑名单,可快速发现私建热点及恶意热点,查看并管理企业内可信热点、未知热点;②防止入侵,杜绝无线黑客通过暴力破解、建立钓鱼热点等无线入侵方式获取内网登录信息,识别并告警可疑攻击行为;③热点阻断,一键阻断企业内出现的所有非法无线热点,快速响应 WiFi 攻击及威胁事件,能够有效防止恶意热点、未知及外部热点、伪造热点、未授权移动终端等可能带来的安全隐患,从而保护企业的无线网络安全。

2.1　系统基础设置

2.1.1　无线安全概况实验

【实验目的】

管理员通过查看无线入侵防御系统的概况信息,可以获取到当前区域的安全指数、活跃热点、攻击事件和热点及终端分布的详细情况。

【知识点】

实时监测、概况。

【场景描述】

A 公司运维工程师小王负责对无线入侵防御系统的日常巡检工作,需要了解公司办公区域的无线安全状况。小王需要使用无线入侵防护系统的无线概况功能,对无线环境风险和无线入侵防御系统状态有个总体了解,请帮助小王熟悉无线入侵防御系统的无线概况功能。

【实验原理】

在"概况"中,"无线安全指数"展现了该区域的无线安全状况,它由两部分组成:无线环境风险和无线入侵防御系统状态。通过"活跃热点概况"可以查看当前活跃的可信热点、恶意热点以及未知热点的数据及其比例。"未读攻击事件"展现了未读(未处理)高危以及低危攻击事件的数目,以及最近二十四小时什么时候出现过无线攻击,每次出现的时间和持续时长。"热点 & 终端分布走势"有助于帮助管理员发现存在安全风险并且可能造成损失的热点。

【实验设备】

安全设备:无线入侵防御系统设备 1 台,收发引擎 1 台。

网络设备:无线 AP 1 台。

主机终端:Windows 7 主机 1 台,带无线网卡的 PC 1 台。

【实验拓扑】

实验拓扑如图 2-1 所示。

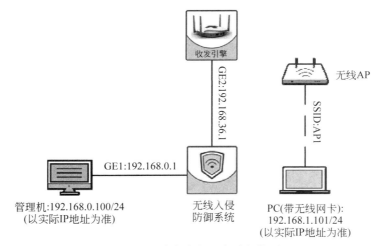

图 2-1　无线安全概况实验拓扑图

【实验思路】

(1)登录无线入侵防御系统。

(2)查看系统概况。

(3)熟悉安全指数、活跃热点、攻击事件、热点 & 终端分布这几项指标。

【实验步骤】

(1)登录实验平台对应拓扑图左侧管理机,在管理机中打开浏览器,在地址栏中输入无线入侵防御系统的 IP 地址 https://192.168.0.1,进入无线入侵防御系统的登录界面。输入管理员账号密码 admin/tianxun 和随机产生的验证码按回车键后登录无线入侵防御系统(以实际用户名密码为准),如图 2-2 所示。

(2)登录实验平台对应拓扑图中下方的无线入侵防御系统设备后,会显示无线入侵防御系统的面板界面,如图 2-3 所示。

图 2-2　无线入侵防御系统登录界面

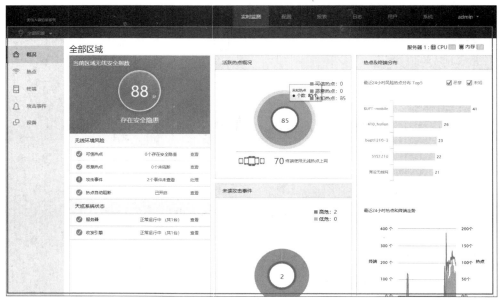

图 2-3　无线入侵防御系统面板界面

（3）选择面板左侧导航栏中的"概况"菜单命令，如图 2-4 所示。

【实验预期】

熟悉无线入侵防御系统的概况。

【实验结果】

（1）在"概况"界面中，可见"当前区域无线安全指数"，它展现了当前区域的无线安全状况，主要分为无线环境风险和无线入侵防御系统状态两大部分，如图 2-5 所示。

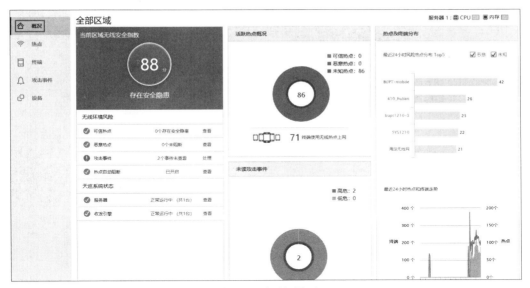

图 2-4　"概况"界面

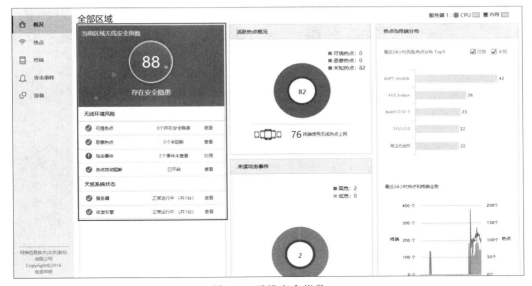

图 2-5　无线安全指数

（2）在"活跃热点概况"中，可见当前可信热点、恶意热点和未知热点的数量，如图 2-6 所示。

（3）在"未读攻击事件"中，可见当前高危和低危攻击事件的数量，如图 2-7 所示。

（4）在"热点 & 终端分布"中，可见当前恶意与未知热点和连接的终端设备数量，如图 2-8 所示。

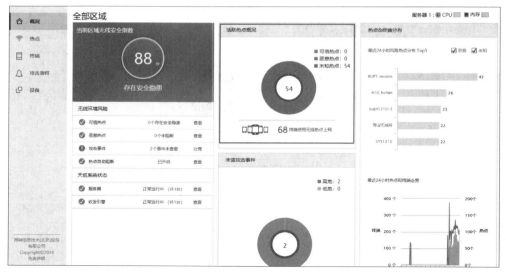

图 2-6　活跃热点概况

图 2-7　未读攻击事件

【实验思考】

在"无线入侵防御系统状态"中,"收发引擎"的作用是什么?

2.1.2　无线入侵防御系统用户与角色管理实验

【实验目的】

管理员通过配置无线入侵防御系统的"用户管理"信息,赋予各用户不同的管理系统

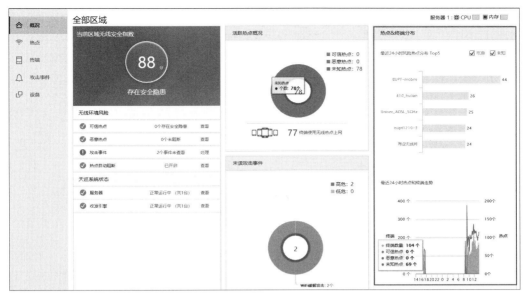

图 2-8　热点 & 终端分布

的权限;通过配置无线入侵防御系统的角色管理功能,添加新角色和修改已存在角色信息。

【知识点】

用户管理、角色管理。

【场景描述】

A 公司的无线入侵防御系统部署完毕后,运维张经理要求对无线入侵防御系统进行管理,要求运维工程师小王创建管理和审计账户,并调整无线入侵防御系统中管理人员的角色,便于管理和审计无线入侵防御系统用户的行为,请帮助小王配置无线入侵防御系统的用户和角色管理功能。

【实验原理】

用户可以在"用户"→"用户管理"中创建和配置管理员、审计员和配置人员用户的信息;在"用户"→"角色管理"中创建和修改角色的权限。

【实验设备】

安全设备:无线入侵防御系统设备 1 台。

网络设备:无线 AP 1 台。

主机终端:Windows 7 主机 1 台。

【实验拓扑】

实验拓扑如图 2-9 所示。

图 2-9　无线入侵防御系统用户与角色管理实验拓扑图

【实验思路】

（1）登录无线入侵防御系统。

（2）查看用户信息。

（3）创建管理员账户。

（4）创建审计员账户。

【实验步骤】

（1）登录实验平台对应拓扑图左侧的管理机，在管理机中打开浏览器，在地址栏中输入无线入侵防御系统的 IP 地址 https://192.168.0.1，进入无线入侵防御系统的登录界面。输入管理员账号密码"admin/tianxun"和随机产生的验证码按回车键后登录无线入侵防御系统（以实际用户名密码为准）。

（2）登录实验平台对应拓扑图中下方的无线入侵防御系统设备后，会显示无线入侵防御系统的面板界面，如图 2-10 所示。

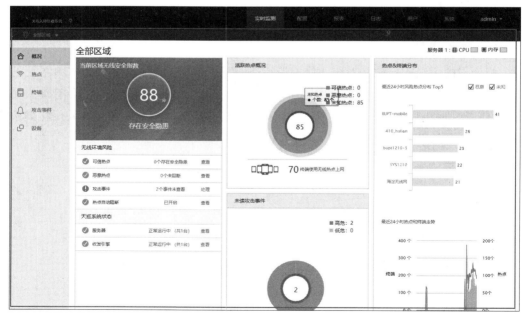

图 2-10　无线入侵防御系统面板界面

（3）单击面板上侧导航栏中的"用户"按钮，如图 2-11 所示。

图 2-11　用户界面

【实验预期】

（1）掌握创建管理用户和审计用户的功能。

（2）掌握无线入侵防御系统的添加角色和修改角色信息的功能。

【实验结果】

1. 掌握创建管理用户和审计用户的功能

（1）登录实验平台对应拓扑图左侧的管理机，在管理机中打开浏览器，在地址栏中输入无线入侵防御系统产品的 IP 地址 https://192.168.0.1 进入无线入侵防御系统的登录界面。输入管理员账号密码"admin/tianxun"和随机产生的验证码按回车键后登录无线入侵防御系统（以实际用户名密码为准）。单击面板上侧导航栏中的"用户"按钮。

（2）单击"用户管理"功能中"添加用户"按钮，如图 2-12 所示。

图 2-12　添加用户

（3）在弹出的"添加用户"界面中，用户名输入"admin2"，密码和确认密码输入"tianxun"，用户角色选择"超级管理员"，为此用户赋予"超级管理员"的权限，其他保持默认配置，单击"确定"按钮，如图 2-13 所示。

（4）可见"用户管理"界面下，管理账户 admin2 添加成功，如图 2-14 所示。

（5）单击"用户管理"功能中"添加用户"按钮，在弹出的"添加用户"界面中，输入用户名为"admin3"，密码和确认密码为"tianxun"，用户角色选择"审计员"，其他保持默认配置，单击"确定"按钮，如图 2-15 所示。

（6）可见"用户管理"界面下，审计账户添加成功，单击 admin→"退出登录"按钮，使

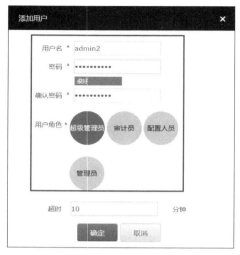

图 2-13　添加管理账户一

图 2-14　添加管理账户二

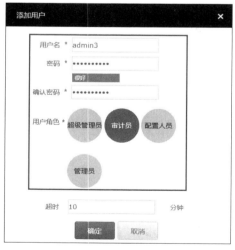

图 2-15　创建审计用户一

用新增加的用户登录设备,如图 2-16 所示。

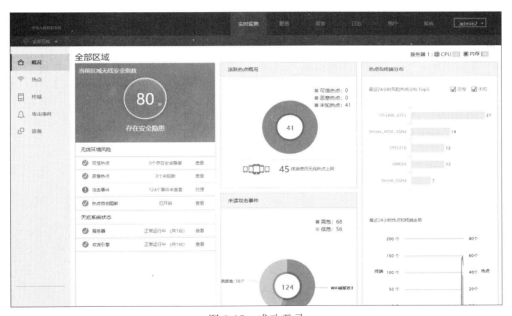

图 2-16　创建审计用户二

（7）在登录界面中输入账号为"admin2",密码为"tianxun",填写验证码,单击"立即登录"按钮。

（8）面板信息显示完整,说明是超级管理员用户 admin2 登录设备,如图 2-17 所示。

图 2-17　成功登录

（9）单击面板上方导航栏中的 admin2→"退出登录"按钮,返回登录界面后,账号输入"admin3",密码输入"tianxun",填写验证码,单击"立即登录"按钮,登录审计员用户。

（10）成功登录设备,面板信息和超级管理员的信息不一致,说明此时登录的账户为审计员 admin3,符合预期,如图 2-18 所示。

2. 掌握无线入侵防御系统的添加角色和修改角色信息的功能

（1）登录实验平台对应拓扑图左侧的管理机,在管理机中打开浏览器,在地址栏中输入无线入侵防御系统的 IP 地址 https://192.168.0.1(以实际设备 IP 地址为准),进入无

图 2-18　成功登录审计员用户

线入侵防御系统的登录界面。输入管理员账号密码"admin/tianxun"和随机产生的验证码按 Enter 键后登录无线入侵防御系统。单击面板上侧导航栏中的"用户"按钮，然后单击"角色管理"按钮，如图 2-19 所示。

图 2-19　用户界面

（2）单击"角色管理"按钮功能中"添加角色"按钮，如图 2-20 所示。

图 2-20　添加角色

（3）在弹出的"添加角色"界面中输入角色名管理员，访问权限勾选"用户"选项，单击
"确认"按钮，如图 2-21 所示。

图 2-21　添加管理员角色

（4）管理员角色添加成功，如图 2-22 所示。

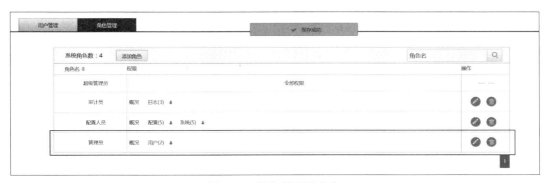

图 2-22　添加管理员角色

（5）单击"用户管理"功能中"添加用户"按钮，在弹出的"添加用户"界面中，可以看见
管理员角色添加成功，如图 2-23 所示。

（6）单击"角色管理"按钮功能中"修改角色"按钮，如图 2-24 所示。

（7）在弹出的"修改角色"界面中勾选"配置"选框，取消勾选"用户"选框，单击"确认"
按钮，如图 2-25 所示。

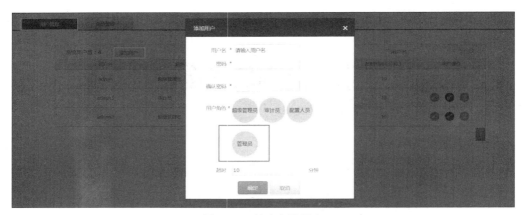

图 2-23　创建审计用户

图 2-24　修改角色信息

图 2-25　修改角色信息

（8）返回"角色管理"界面，可以看到管理员权限发生改变，如图 2-26 所示。

图 2-26　修改角色信息

【实验思考】

（1）可以创建配置人员用户吗？

（2）可以再创建一个管理员角色吗？

2.2　无线热点管理

2.2.1　无线热点管理实验

【实验目的】

管理员通过配置无线入侵防御系统的热点信息，可以熟练地管理周边区域的热点。

【知识点】

实时监测、热点。

【场景描述】

A 公司无线入侵防御系统安装完成后，需要对公司办公区域内的无线热点进行扫描以便管理，运维工程师小王需要使用无线入侵防御系统的热点管理功能对热点进行扫描、分类等管理，请帮助小王完成对周边热点的管理。

【实验原理】

无线入侵防御收发引擎覆盖范围内的热点，都能在"热点"界面看到。热点类别为可信热点、恶意热点和未知热点。白名单内的热点名用绿色展示，视为可信热点；黑名单内的热点名用红色展示，视为恶意热点；既不在白名单又不在黑名单的热点，视为未知热点，热点名用蓝色展示。

【实验设备】

安全设备：无线入侵防御系统设备 1 台，收发引擎 1 台。

网络设备：无线 AP 1 台。

主机终端：Windows 7 主机 1 台,带无线网卡的 PC 1 台。

【实验拓扑】

实验拓扑如图 2-27 所示。

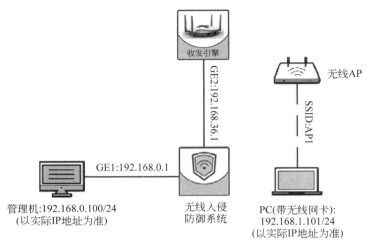

图 2-27　无线热点管理实验拓扑图

【实验思路】

(1) 登录无线入侵防御系统。

(2) 查看热点信息。

(3) 设置热点类别。

(4) 定位热点。

(5) 阻断热点。

(6) 查看热点详细信息。

【实验步骤】

(1) 登录实验平台对应拓扑图左侧的管理机,在管理机中打开浏览器,在地址栏中输入无线入侵防御系统的 IP 地址 https://192.168.0.1,进入无线入侵防御系统的登录界面。输入管理员账号密码"admin/tianxun"和随机产生的验证码按回车键后登录无线入侵防御系统(以实际用户名密码为准)。

(2) 登录实验平台对应拓扑图中下方的无线入侵防御系统设备后,会显示无线入侵防御系统的面板界面,如图 2-28 所示。

(3) 单击面板左侧导航栏中的"热点"按钮,如图 2-29 所示。

【实验预期】

掌握无线入侵防御系统的热点配置。

图 2-28　无线入侵防御系统面板界面

图 2-29　热点界面

【实验结果】

（1）登录实验平台对应拓扑图左侧的管理机，在管理机中打开浏览器，在地址栏中输入无线入侵防御系统的 IP 地址 https://192.168.0.1，进入无线入侵防御系统的登录界面。输入管理员账号密码"admin/tianxun"和随机产生的验证码按 Enter 键后登录无线入侵防御系统（以实际用户名密码为准），如图 2-30 所示。

（2）勾选热点 AP1 左侧的方框，单击"修改类别"按钮，修改此热点的类型，如图 2-31

图 2-30　热点信息

图 2-31　修改热点类型

所示。

（3）在弹出的"修改类别"界面中，勾选"可信热点"单选按钮，如图 2-32 所示。

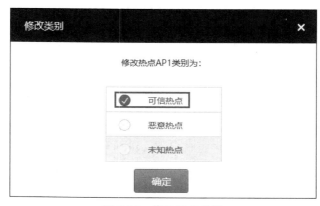

图 2-32　修改热点类型

（4）单击"确定"按钮,返回"热点"界面,可见热点名 AP1 的颜色由蓝色变为绿色,说明它已经被识别为可信热点,热点类型的颜色标注可见图,如图 2-33 所示。

图 2-33　热点界面

（5）定位热点。单击热点 AP1 左侧的方框,单击"定位"按钮,定位此热点的位置,如图 2-34 所示。

图 2-34　定位热点

（6）在弹出的"定位热点"界面中,可见此热点在收发引擎"1.Sensor_70:11:81（距离最近）"附近,如图 2-35 所示。

图 2-35　定位热点

（7）单击"知道了"按钮，返回"热点"界面。保持勾选此热点，单击上方导航栏中的"阻断热点"按钮，如图 2-36 所示。

图 2-36　阻断热点

（8）用有无线网卡的 PC 连接热点 AP1，通过提示可知连接失败，可知无线入侵防御系统成功阻断热点 AP1，如图 2-37 所示。

（9）在"热点"界面中，选中热点 AP1，单击上方导航栏中的"取消阻断"按钮，如图 2-38 所示。

图 2-37　连接热点失败

图 2-38　取消阻断热点

图 2-39　连接热点成功

（10）用有无线网卡的 PC 连接热点 AP1，通过提示可知连接成功，可知无线入侵防御系统成功取消阻断热点 AP1，如图 2-39 所示。

（11）查看热点详细信息。在"热点"界面中，单击热点名 AP1 按钮，如图 2-40 所示。

（12）在下方显示了热点的详细信息。可见热点的安全性、连接时间等，还有连接热点的终端信息，如图 2-41 所示。

【实验思考】

热点的信道是固定不变的吗？

图 2-40　打开热点

图 2-41　热点详细信息

2.2.2　无线热点终端准入实验

【实验目的】

管理员通过添加无线入侵防御系统终端的黑白名单,可以管控不同类别终端的连接状况。

【知识点】

实时监测、终端。

【场景描述】

A 公司承接的保密项目要求在项目实施办公室中限制无线终端设备的使用,因此需要将该保密办公室的无线终端在项目未结束前设置为白名单模式,仅允许项目人员使用无线终端。运维工程师小王需要在无线入侵防御系统中将项目人员的终端列入白名单以便管理,请帮助小王配置、管理终端。

【实验原理】

管理员进入"配置"→"黑白名单管理"主界面,单击"终端"按钮,可通过添加终端设备的 MAC 地址至黑白名单中区分并控制可信终端或恶意终端,从而保证工作的安全性。

【实验设备】

安全设备:无线入侵防御系统设备 1 台,收发引擎 1 台。

网络设备:无线 AP 1 台,交换机 1 台。

主机终端:Windows Server 2003 主机 1 台,Windows 7 主机 1 台,带无线网卡的 PC 2 台。

【实验拓扑】

实验拓扑如图 2-42 所示。

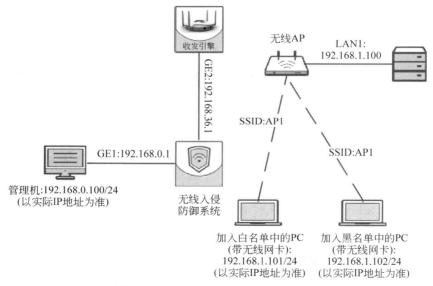

图 2-42　无线热点终端准入实验拓扑图

【实验思路】

(1) 登录无线入侵防御系统。

(2) 添加白名单。

(3) 添加黑名单。

(4) 阻断违规终端。

【实验步骤】

(1) 登录实验平台对应拓扑图左侧的管理机,在管理机中打开浏览器,在地址栏中输入无线入侵防御系统的 IP 地址 https://192.168.0.1,进入无线入侵防御系统的登录界面。输入管理员账号密码"admin/tianxun"和随机产生的验证码按回车键后登录无线入侵防御系统(以实际用户名密码为准)。

(2) 登录实验平台对应拓扑图中下方的无线入侵防御系统设备后,会显示无线入侵防御系统的面板界面,如图 2-43 所示。

图 2-43　无线入侵防御系统面板界面

(3) 单击面板上方导航栏中的"配置"按钮,在跳转后的界面中单击"黑白名单管理"按钮,再单击"终端"按钮,在"终端"界面中单击"开启"按钮,开启终端黑白名单的功能,如图 2-44 所示。

图 2-44　打开终端黑白名单

(4) 在"终端白名单"界面中,单击"添加白名单"按钮,如图 2-45 所示。

(5) 在本实验中准备列入白名单的计算机中按 Win+R 组合键后,在"运行"界面中输入 cmd 后按 Enter 键,打开命令行窗口,如图 2-46 所示。

(6) 在"命令行窗口"界面中,输入"ipconfig /all"后按回车键,寻找到无线网卡的MAC 地址,本实验中此计算机的 MAC 地址为"B0-D5-9D-C5-8C-79",如图 2-47 所示。

图 2-45　添加白名单

图 2-46　打开命令行窗口

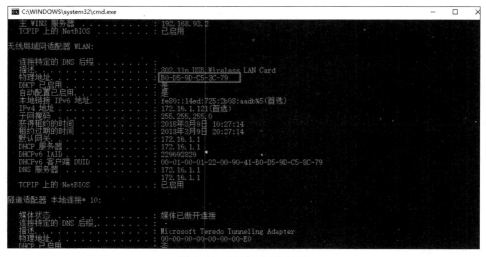

图 2-47　查看 MAC 地址

（7）返回浏览器界面，在弹出的"添加白名单"界面中输入 MAC 为"B0：D5：9D：C5：8C：79"（以实际为准），如图 2-48 所示。

图 2-48　输入 MAC 地址

（8）单击"完成"按钮，配置成功。在"终端黑名单"界面中，单击"添加黑名单"按钮，如图 2-49 所示。

图 2-49　添加黑名单

（9）在本实验中准备列入黑名单的计算机中按 Win＋R 组合键后，在"运行"界面中输入 cmd 后按回车键，打开命令行窗口。在"命令行窗口"界面中，输入"ipconfig /all"后按回车键，寻找到无线网卡的 MAC 地址，本实验中此计算机的 MAC 地址为"B8-EE-65-1A-07-A4"（以实际为准），如图 2-50 所示。

（10）返回浏览器界面，在弹出的"添加黑名单"界面中，输入 MAC 为"B8：EE：65：1A：07：A4"，如图 2-51 所示。

图 2-50　查看 MAC 地址

图 2-51　输入 MAC 地址

（11）单击"完成"按钮，配置成功。单击上方的"基本配置"按钮，在"终端自动阻断设置"界面中勾选"违规终端自动隔离"单选按钮，配置完毕，如图 2-52 所示。

【实验预期】

白名单中的 PC 可以连接 WiFi，黑名单中的 PC 不能连接 WiFi。

【实验结果】

（1）登录实验平台对应拓扑图中下方加入白名单中的 PC，连接热点 AP1，在计算机中按 Win＋R 组合键后，在"运行"界面中输入 cmd 后按回车键，打开命令行窗口，输入"ping 192.168.1.127"，发现成功访问 Web 服务器，如图 2-53 所示。

（2）登录实验平台对应拓扑图中下方加入黑名单中的 PC，连接热点 AP1，在计算机中按 Win＋R 组合键后，在"运行"界面中输入 cmd 后按回车键，打开命令行窗口，输入"ping 192.168.1.127"，发现访问网站失败，符合预期，如图 2-54 所示。

图 2-52　设置终端阻断方式

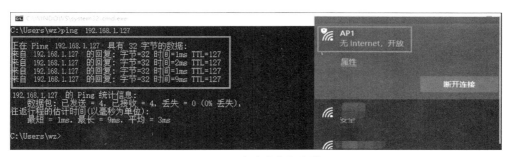

图 2-53　成功连接服务器

图 2-54　连接服务器失败

【实验思考】

在"终端自动阻断设置"中勾选"关闭"会发生什么？

2.2.3 无线热点黑白名单管理实验

【实验目的】

管理员通过配置无线入侵防御系统的黑白名单,可以管控办公热点和私用热点。

【知识点】

系统配置、黑白名单管理。

【场景描述】

A公司的无线办公热点部署完毕后,运维工程师小王需要在无线入侵防御系统中将建立的无线办公热点添加到热点白名单,将其他热点添加到黑名单,请帮助小王配置无线入侵防御系统的热点黑白名单功能。

【实验原理】

黑白名单是一种有效的安全防护机制。黑名单启用后,被列入黑名单的WiFi不能被连接;如果设立了白名单,则白名单中的WiFi会被信任,用户能够连接,这样提高了无线安全性。管理员可以在"热点"→"修改类别"中,将公司无线热点添加为"可信热点",即添加到热点白名单。同理,可以在"热点"→"修改类别"中,将其他无线热点添加到"恶意热点",即添加到热点黑名单。

【实验设备】

安全设备:无线入侵防御系统设备1台。

网络设备:无线AP 2台。

主机终端:Windows 7主机1台,带无线网卡的PC 1台。

【实验拓扑】

实验拓扑如图2-55所示。

【实验思路】

(1) 登录无线入侵防御系统。

(2) 查看热点信息。

(3) 设置热点黑白名单。

【实验步骤】

(1) 登录实验平台对应拓扑图左侧的管理机,在管理机中打开浏览器,在地址栏中输入无线入侵防御系统的IP地址 https://192.168.0.1,进入无线入侵防御系统的登录界面。输入管理员账号密码"admin/tianxun"和随机产生的验证码按回车键后,登录无线入侵防御系统(以实际用户名密码为准)。

(2) 登录实验平台对应拓扑图中下方的无线入侵防御系统设备后,会显示无线入侵防御系统的面板界面,如图2-56所示。

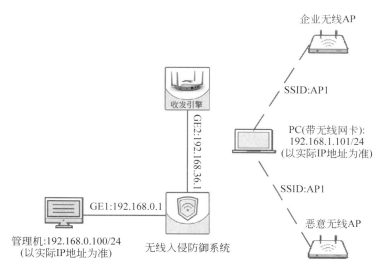

图 2-55　无线热点黑白名单管理实验拓扑图

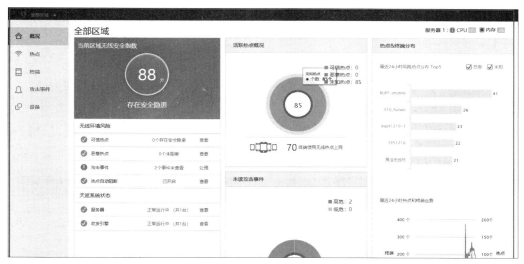

图 2-56　无线入侵防御系统面板界面

（3）选择面板左侧导航栏中的"热点"菜单命令，如图 2-57 所示。

【实验预期】

掌握无线入侵防御系统的热点修改类别的方法与查看黑白名单的方法。

【实验结果】

（1）登录实验平台对应拓扑图左侧的管理机，在管理机中打开浏览器，在地址栏中输入无线入侵防御系统的 IP 地址 https://192.168.0.1，进入无线入侵防御系统的登录界面。输入管理员账号密码"admin/tianxun"和随机产生的验证码按 Enter 键后登录无线

图 2-57　热点界面

入侵防御系统(以实际用户名密码为准)。单击面板左侧导航栏中的"热点"按钮。在此界面中,可见区域内的热点信息,如图 2-58 所示。

图 2-58　热点信息

(2) 勾选热点 AP1 左侧的方框,单击"修改类别"按钮,修改此热点的类型,如图 2-59所示。

图 2-59　修改热点类型

(3) 在弹出的"修改类别"界面中,勾选"可信热点"单选按钮,如图 2-60 所示。

(4) 单击"确定"按钮,返回"热点"界面,可见热点名 AP1 的颜色由蓝色变为绿色,这说明它已经被识别为可信热点,此热点即被加入白名单,如图 2-61 所示。

(5) 单击面板上方导航栏中的"配置"按钮,在跳转后的界面中单击"黑白名单管理"按钮,单击"热点"按钮,可以看到 AP1 已经被添加至"热点白名单",如图 2-62 所示。

(6) 单击面板上方导航栏中的"实时监测"按钮,在跳转后的界面中单击"热点"按钮,

图 2-60　修改热点类型

图 2-61　"热点"界面

图 2-62　查看热点白名单

取消勾选"可信热点"复选框。勾选"活跃中"下方的第一个方框,全选剩余的热点,单击"修改类别"按钮,如图 2-63 所示。

（7）在弹出的"修改类别"界面中,勾选"恶意热点"复选框,如图 2-64 所示。

（8）单击"确定"按钮,返回"热点"界面,可见热点名的颜色由蓝色变为红色,这说明它已经被识别为恶意热点,即被加入黑名单,如图 2-65 所示。

图 2-63　修改热点类型

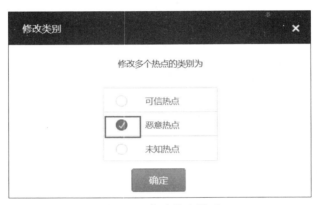

图 2-64　修改热点类型

图 2-65　"热点"界面

（9）单击面板上方导航栏中的"配置"按钮，在跳转后的界面中单击"黑白名单管理"按钮，再单击"热点"按钮，如图 2-66 所示。

（10）在"黑白名单管理"界面中可以看到热点黑名单，如图 2-67 所示。

（11）进入带有虚拟网卡的 PC，连接加入黑名单的热点 AP2，如图 2-68 所示。

（12）但网络一直显示未连接无线，如图 2-69 所示。

（13）再次打开连接窗口，发现 AP2 自动断开，说明黑名单热点被成功阻断，如图 2-70 所示。

图 2-66　查看热点黑名单

图 2-67　查看热点黑名单

图 2-68　连接恶意热点

图 2-69　连接失败

图 2-70　成功阻断黑名单热点

【实验思考】

如何导出黑白名单?

2.3　入侵防御配置

2.3.1　无线入侵防御钓鱼 WiFi 实验

【实验目的】

管理员通过在无线入侵防御系统中添加可信热点,可以有效地管控无线网络中的钓鱼攻击事件。

【知识点】

实时监测、攻击事件。

【场景描述】

A 公司建立了一个热点,供员工连接并访问内部服务器。运维人员小王在日常巡检中发现有和公司热点名相同的钓鱼热点,如果公司员工不慎连接它,会登录进钓鱼网站。小王需要利用无线入侵防御系统管理及阻断钓鱼热点,请帮助小王配置这一功能。

【实验原理】

管理员进入"热点"主界面中,将公司无线热点设置为可信热点,无线入侵防御系统会自动保护此热点,阻断同名的恶意热点,保护公司内部信息不被泄露。

【实验设备】

安全设备:无线入侵防御系统设备 1 台,收发引擎 1 台。

网络设备:无线 AP 2 台。

主机终端:Windows 2003 SP2 主机 2 台,Windows 7 主机 1 台,带无线网卡的 PC 1 台。

【实验拓扑】

实验拓扑如图 2-71 所示。

【实验思路】

(1) 登录无线入侵防御系统。

(2) 添加可信热点。

(3) 检测攻击事件。

(4) 做出防御措施。

【实验步骤】

(1) 登录实验平台对应拓扑图左侧的管理机,在管理机中打开浏览器,在地址栏中输入无线入侵防御系统的 IP 地址 https://192.168.0.1,进入无线入侵防御系统的登录界

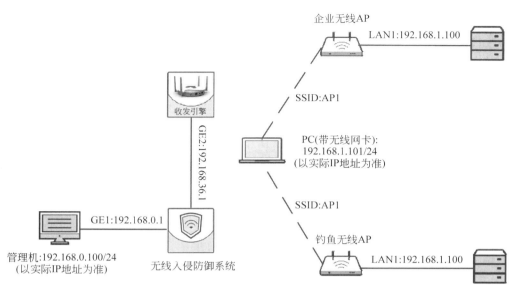

图 2-71 无线入侵防御钓鱼 WiFi 实验拓扑图

面。输入管理员账号密码"admin/tianxun"和随机产生的验证码按 Enter 键后登录无线
入侵防御系统(以实际用户名密码为准)。

(2) 登录实验平台对应拓扑图中下方的无线入侵防御系统设备后,会显示无线入侵
防御系统的面板界面,如图 2-72 所示。

图 2-72 无线入侵防御系统面板界面

(3) 选择面板左侧导航栏中的"热点"菜单命令,如图 2-73 所示。

(4) 在"热点"界面中,可见两个热点名为 AP1 的热点。设置第一个 AP1 为公司的无
线网络,则第二个 AP1 为恶意攻击热点。选择第一个 AP1,单击"修改类别"按钮,如

图 2-73　打开热点

图 2-74 所示。

图 2-74　修改无线类别

（5）在"修改类别"界面中，勾选"可信热点"单选按钮，则第一个 AP1 为公司真实可信的无线网络，如图 2-75 所示。

（6）单击"确定"按钮，返回"热点"界面，可见第一个 AP1 的"热点名"颜色为绿色，这表明它已被标识为"可信热点"。此时与它同名的无线热点自然被认为是攻击热点，过 2mim 后，它的"热点名"颜色将变为红色，这表明它已被标识为"恶意热点"，本实验中恶意热点的 MAC 地址为"A8:6B:7C..."，配置完毕，如图 2-76 所示。

【实验预期】

（1）无线入侵防御系统发现攻击热点并阻断它。

（2）可正常访问公司网站。

（3）不能访问钓鱼网站。

图 2-75 修改无线类别

图 2-76 成功修改无线类别

【实验结果】

1. 无线入侵防御系统发现攻击热点并阻断它

（1）登录实验平台对应拓扑图左侧的管理机，在管理机中打开浏览器，在地址栏中输入无线入侵防御系统的 IP 地址 https://192.168.0.1，进入无线入侵防御系统的登录界面。输入管理员账号密码"admin/tianxun"和随机产生的验证码按 Enter 键后登录无线入侵防御系统（以实际用户名密码为准）。单击"热点"按钮，可见界面上方显示"恶意热点自动阻断中"，说明 MAC 地址为"A8:6B:7C..."的恶意热点 AP1 已被阻断，如图 2-77 所示。

图 2-77 成功阻断恶意热点

（2）单击左侧导航栏中的"攻击事件"菜单命令，可见无线入侵防御系统监测到的攻击事件"伪造合法热点攻击"，单击"伪造合法热点攻击"按钮，如图 2-78 所示。

图 2-78　打开攻击事件

（3）在攻击详情中，可知攻击热点的热点名为 AP1，MAC 地址为"A8:6B:7C..."，并且提供了处理建议和受影响的设备，如图 2-79 所示。

图 2-79　攻击详情

2. 可正常访问公司网站

（1）登录实验平台对应拓扑图中部的带无线网卡的 PC，在 PC 中连接可信的 AP1 无线热点，如图 2-80 所示。

图 2-80　连接可信 AP1

（2）打开浏览器，输入 http://172.16.1.100/后按回车键，成功访问内网 Web 服务器，如图 2-81 所示。

图 2-81　成功访问 Web 服务器

3. 不能访问钓鱼网站

（1）登录实验平台对应拓扑图中部的带无线网卡的 PC，在 PC 中连接钓鱼热点 AP1，如图 2-82 所示。

图 2-82　连接可信 AP1

（2）打开浏览器，输入 http://172.16.1.100/后按 Enter 键，访问钓鱼 Web 网站失败，如图 2-83 所示。

（3）返回无线入侵防御系统界面中，在"热点"界面中，将恶意热点 AP1 修改为可信热点，如图 2-84 所示。

（4）单击"确定"按钮，修改成功。在带无线网卡的 PC 中连接钓鱼热点 AP1，如图 2-85 所示。

（5）打开浏览器，输入 http://172.16.1.100/后按 Enter 键，成功访问钓鱼 Web 服务器，符合预期，如图 2-86 所示。

图 2-83　访问钓鱼 Web 网站失败

图 2-84　修改热点类型

图 2-85　连接热点

【实验思考】

如何分辨多个同名的无线热点？

图 2-86　成功访问 Web 服务器

2.3.2　收发引擎配置实验

【实验目的】

管理员通过配置无线入侵防御系统终端的收发引擎,可以管控多个指定区域的无线热点。

【知识点】

收发引擎配置、收发引擎调试。

【场景描述】

A 公司需要安装无线入侵防御系统,在办公区域中部署收发引擎,并对引擎进行分配和管理,请帮助小王完成收发引擎的管理和配置。

【实验原理】

用户可以在"设备"中查看收发引擎的基本信息,在"配置"→"收发引擎部署"菜单命令中指定收发引擎监控某一区域的热点信息。

【实验设备】

安全设备:无线入侵防御系统设备 1 台,收发引擎 1 台。

网络设备:无线 AP 1 台。

主机终端:Windows 7 主机 1 台,带无线网卡的 PC 1 台。

【实验拓扑】

实验拓扑如图 2-87 所示。

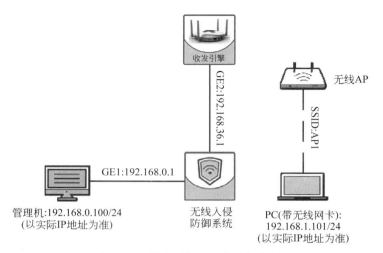

图 2-87　收发引擎配置实验拓扑图

【实验思路】

（1）登录无线入侵防御系统。

（2）查看收发引擎的基本信息。

（3）分配收发引擎至指定区域。

【实验步骤】

（1）登录实验平台对应拓扑图左侧的管理机，在管理机中打开浏览器，在地址栏中输入无线入侵防御系统的 IP 地址 https://192.168.0.1，进入无线入侵防御系统的登录界面。输入管理员账号密码"admin/tianxun"和随机产生的验证码按 Enter 键后登录无线入侵防御系统（以实际用户名密码为准）。

（2）登录实验平台对应拓扑图中下方的无线入侵防御系统设备后，会显示无线入侵防御系统的面板界面，如图 2-88 所示。

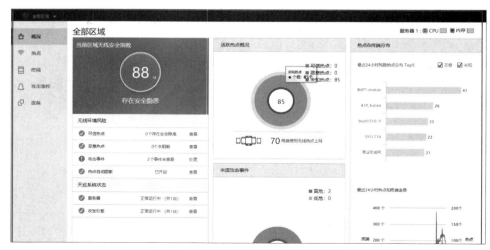

图 2-88　无线入侵防御系统面板界面

（3）在左侧的面板导航栏中单击"概况"按钮。在概况界面中，可见成功连接的一个收发引擎，如图 2-89 所示。

图 2-89　成功部署收发引擎

【实验预期】

配置和管理收发引擎。

【实验结果】

（1）登录实验平台对应拓扑图左侧的管理机，在管理机中打开浏览器，在地址栏中输入无线入侵防御系统的 IP 地址 https://192.168.0.1，进入无线入侵防御系统的登录界面。输入管理员账号密码"admin/tianxun"和随机产生的验证码按 Enter 键后登录无线入侵防御系统（以实际用户名密码为准）。选择面板左侧导航栏中的"设备"，如图 2-90 所示。

图 2-90　打开设备

（2）在"设备"界面中，可见服务器管理的收发引擎已处于工作状态，它探测到的热点数为 92,名称为"Sensor_70：11：81",单击"Sensor_70：11：81"按钮可修改名称,IP 地址为 192.168.1.101,MAC 地址为"D0：FA：1D：70：11：81",版本为"2.0.1.3523",如图 2-91 所示。

图 2-91　收发引擎的基本信息

（3）鼠标指向此收发引擎右侧"操作"列的 i,可见它的运行时间和容量使用情况,如 图 2-92 所示。

图 2-92　收发引擎的基本信息

（4）勾选此收发引擎左侧的方框,可对其进行"批量删除"和"批量升级"操作,还可导 出设备列表,如图 2-93 所示。

（5）单击面板上方导航栏中的"配置"按钮,单击上方的"收发引擎部署"按钮。在此 界面中单击"新建"按钮,如图 2-94 所示。

（6）在"全部区域"界面新建的一个节点中输入"节点 1",并单击"全部区域"按钮两 次,在右边单击"立即分配收发引擎"按钮,配置此节点,如图 2-95 所示。

图 2-93　收发引擎的基本操作

图 2-94　新建节点

图 2-95　配置节点 1

（7）在"分配收发引擎"界面中，单击"未分配"列的收发引擎按钮，再单击朝右侧的箭头，添加收发引擎到此节点中，如图 2-96 所示。

（8）单击"应用"按钮，返回到"节点 1"界面，可见成功分配了此收发引擎至"节点 1"中，也可上传平面图，并做备注，符合预期，如图 2-97 所示。

【实验思考】

在导出收发引擎的列表中"S/N"有什么作用？

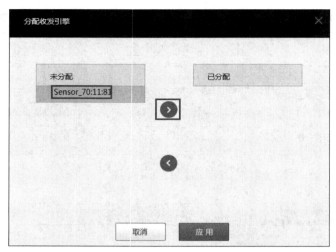

图 2-96　分配收发引擎

图 2-97　成功分配收发引擎

2.3.3　邮件告警实验

【实验目的】

管理员通过配置无线入侵防御系统的邮箱服务器和告警信息,可以及时获取到无线攻击事件的详细信息,以便排除威胁。

【知识点】

系统配置、邮箱配置。

【场景描述】

A 公司运维部门张经理为提高无线网络监管力度,要求运维工程师小王对无线入侵防御系统遇到的攻击、出现未知热点的事件统一发送告警邮件给相关负责人员查阅,以便及时排除威胁,请帮助小王配置无线入侵防御系统的邮件告警功能。

【实验原理】

在"配置"→"邮箱配置"菜单命令中,可以配置告警邮件服务器的信息,并做告警配置。这样,当遇到一些无线攻击的情况时,移动安全无线入侵防御系统能快速将此信息发送至邮件服务器中做备份,保证了攻击信息的真实准确性。

【实验设备】

安全设备:无线入侵防御系统设备 1 台。

网络设备:交换机 1 台。

主机终端:Windows 2003 SP2 主机 1 台,Windows 7 主机 1 台。

【实验拓扑】

实验拓扑如图 2-98 所示。

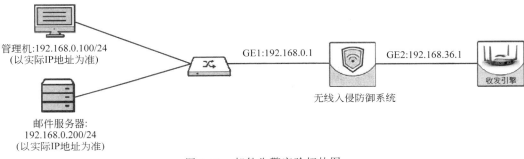

图 2-98　邮件告警实验拓扑图

【实验思路】

(1) 登录无线入侵防御系统。

(2) 配置邮件服务器。

(3) 配置告警邮箱。

(4) 开启实时告警。

【实验步骤】

(1) 登录实验平台对应拓扑图左上方的管理机,在管理机中打开浏览器,在地址栏中输入无线入侵防御系统的 IP 地址 https://192.168.0.1,进入无线入侵防御系统的登录界面。输入管理员账号密码"admin/tianxun"和随机产生的验证码按 Enter 键后登录无线入侵防御系统(以实际用户名密码为准)。

(2) 登录实验平台对应拓扑图中部的无线入侵防御系统设备后,会显示无线入侵防御系统的面板界面,如图 2-99 所示。

(3) 在学生机中开启 Windows 2003 虚拟机,里面已搭建好了邮件服务器,邮箱的域是"xxx.com",添加的两个用户的用户名和密码分别为"yonghu1@xxx.com/yonghu1"和"yonghu2@xxx.com/yonghu2",本实验中第一个用户为发件人,第二个用户为收件人,如图 2-100 所示。

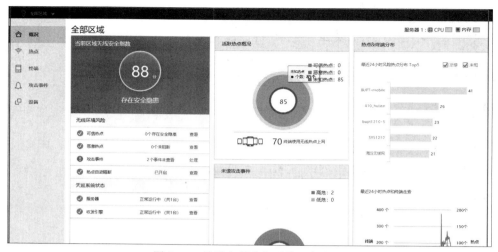

图 2-99　无线入侵防御系统面板界面

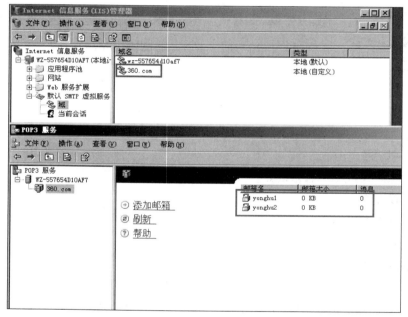

图 2-100　邮件服务器

（4）返回无线入侵防御系统界面中，单击面板上方导航栏中的"配置"按钮，再单击"邮箱配置"按钮，如图 2-101 所示。

（5）在"邮箱配置"界面的"邮箱服务器"选项卡中，单击"查看详情"按钮，在弹出的"邮件服务器配置"界面中，输入"发送邮件服务器的 IP 或者域名"为 192.168.0.200，"端口"为 25，"发件人邮箱"为"yonghu2@xxx.com"，"登录验证"为"yonghyonghu2"，其他保持默认配置，如图 2-102 所示。

图 2-101　配置告警邮箱

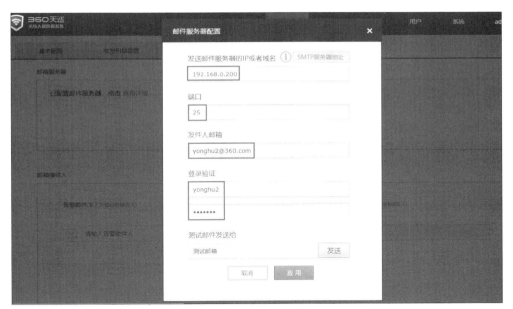

图 2-102　配置告警邮件服务器

（6）单击"应用"按钮，配置生效，返回"邮箱配置"界面中，在"邮箱接收人"界面中，输入"告警邮件"为"yonghu1@xxx.com"，"报表通知邮件"为"yonghu1@xxx.com"，如图 2-103 所示。

（7）单击上方的"基本配置"按钮，如图 2-104 所示。

（8）在"基本配置"界面中，勾选"开启实时告警"复选框，如图 2-105 所示。

图 2-103　编辑邮箱接收人

图 2-104　基本配置界面一

图 2-105　基本配置界面二

【实验预期】

系统将钓鱼攻击的告警邮件发送到邮件服务器中。

【实验结果】

(1) 登录实验平台对应拓扑图左上方的管理机,在管理机中打开浏览器,在地址栏中输入无线入侵防御系统的 IP 地址 https://192.168.0.1,进入无线入侵防御系统的登录界面。输入管理员账号密码"admin/tianxun"和随机产生的验证码按 Enter 键后登录无线入侵防御系统(以实际用户名密码为准)。在面板左侧导航栏中单击"热点"按钮,如图 2-106 所示。

图 2-106　进入热点界面

(2) 可见两个同名的热点名称,第一个热点是可信热点,第二个热点是恶意热点,用来让安全意识低的人连接并获取他们的隐私信息。勾选第一个热点前方的方框,如图 2-107 所示。

图 2-107　编辑热点

（3）单击"修改类别"按钮，在弹出的"修改类别"界面中，勾选"可信热点"复选框，设置第一个热点为可信热点，则与它同名的热点均被认为是恶意热点，如图 2-108 所示。

图 2-108　编辑热点

（4）单击"确定"按钮，配置生效。此时切换到邮箱服务器界面中，单击"开始"按钮→单击 Outlook Express 按钮，打开邮箱客户端，如图 2-109 所示。

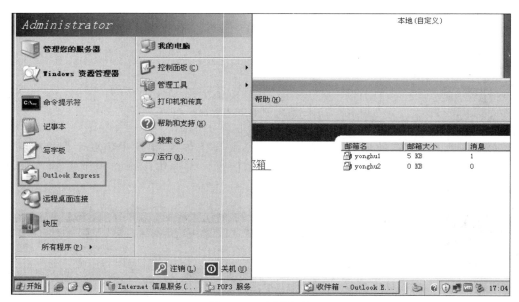

图 2-109　打开邮箱

（5）在邮箱界面中，选择"工具"选项卡→单击"发送和接收"→单击"192.168.0.200（默认）"菜单命令，确保登录 yonghu1，如图 2-110 所示。

（6）选择"工具"选项卡→单击"发送和接收"→单击"发送和接收全部邮件"菜单命令，接收告警邮件，如图 2-111 所示。

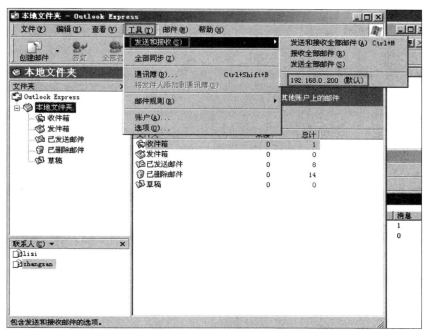

图 2-110　配置邮箱

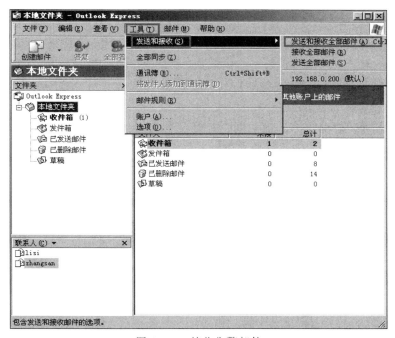

图 2-111　接收告警邮件

（7）使用新的邮件客户端查看收件信息。双击打开 Foxmail 图标，如图 2-112 所示。

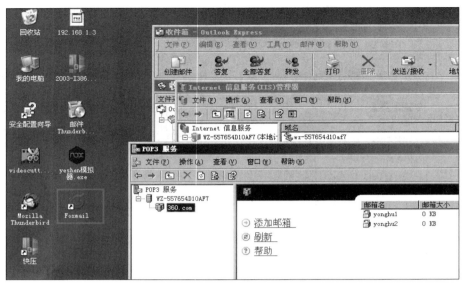

图 2-112　打开 Foxmail

（8）在 Foxmail 的用户收件箱中，可见收到的告警邮件，双击打开邮件，如图 2-113 所示。

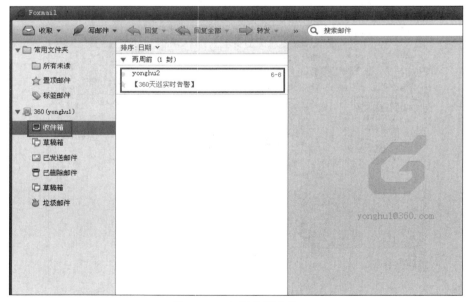

图 2-113　打开告警邮件

（9）可见详细的攻击信息，符合预期，如图 2-114 所示。

图 2-114　查看告警信息

【实验思考】

怎样设置能让邮件服务器定期接收到告警邮件？

2.4　日志与报表管理

【实验目的】

管理员通过配置无线入侵防御系统的报表功能,可以通过报表的形式定期提交区域内无线网络的安全情况;通过配置监测日志、审计日志和设备日志,可以及时了解无线网络的变化及无线入侵防御系统的运行情况。

【知识点】

报表、日志。

【场景描述】

A 公司运维部门张经理要求运维工程师小王定期提交公司无线安全情况,并做好其日志检查工作。小王计划使用无线入侵防御系统的报表功能,定期导出报表用于汇报;并熟悉无线入侵防御系统的日志内容,包括监测日志、审计日志、设备日志等内容。请帮助小王熟悉无线入侵防御系统的报表功能和日志信息功能。

【实验原理】

用户可以在"报表"界面"周期性报表"功能下配置生成每周报表和每月报表,在"自定义报表"功能下配置自定义时间段生成报表,在已生成报表中下载报表,并可在"日志"界面中查询和导出日志。

【实验设备】

安全设备:无线入侵防御系统设备 1 台。

网络设备:无线 AP 1 台。

主机终端:Windows 7 主机 1 台,带无线网卡的 PC 1 台。

【实验拓扑】

实验拓扑如图 2-115 所示。

管理机:192.168.0.100/24
(以实际IP地址为准)

GE1:192.168.0.1　　　　GE2:192.168.36.1

无线入侵防御系统

收发引擎

图 2-115　无线入侵防御系统报表与日志管理实验拓扑图

【实验思路】

(1) 登录无线入侵防御系统。

(2) 查看报表信息。

(3) 配置周期性报表。

(4) 生成自定义报表。

(5) 下载已生成报表。

(6) 查询日志。

(7) 导出日志。

【实验步骤】

(1) 登录实验平台对应拓扑图左侧的管理机,在管理机中打开浏览器,在地址栏中输入无线入侵防御系统的 IP 地址 https://192.168.0.1,进入无线入侵防御系统的登录界面。输入管理员账号密码"admin/tianxun"和随机产生的验证码按 Enter 键后登录无线入侵防御系统(以实际用户名密码为准)。

(2) 登录实验平台对应拓扑图中部的无线入侵防御系统设备后,会显示无线入侵防御系统的面板界面,如图 2-116 所示。

图 2-116　无线入侵防御系统面板界面

（3）单击面板上侧导航栏中的"报表"按钮，如图 2-117 所示。

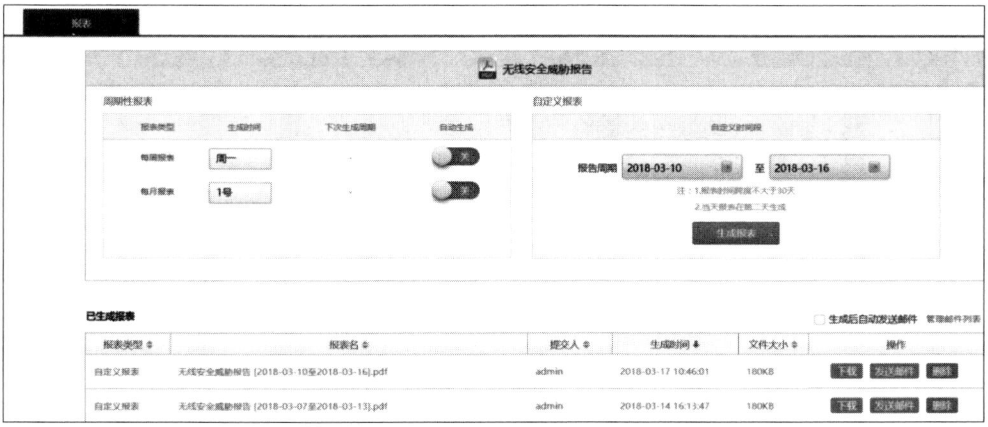

图 2-117　报表界面

（4）单击面板上侧导航栏中的"日志"按钮，如图 2-118 所示。

图 2-118　日志界面

【实验预期】

（1）掌握无线入侵防御系统的生成周期性报表和自定义报表的方法。

（2）掌握无线入侵防御系统的查看审计日志、监测日志的方法。

【实验结果】

1. 掌握无线入侵防御系统的生成周期性报表和自定义报表的方法

（1）登录实验平台对应拓扑图左侧的管理机，在管理机中打开浏览器，在地址栏中输入无线入侵防御系统的 IP 地址 https://192.168.0.1，进入无线入侵防御系统的登录界面。输入管理员账号密码"admin/tianxun"和随机产生的验证码按 Enter 键后登录无线入侵防御系统(以实际用户名密码为准)。单击面板上侧导航栏中的"报表"按钮,如图 2-119 所示。

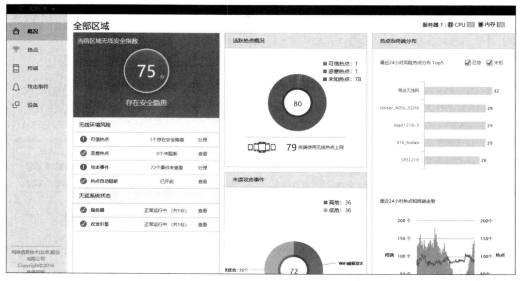

图 2-119　生成报表功能信息

(2) 单击"周期性报表"功能中每周报表生成时间"周一"按钮,如图 2-120 所示。

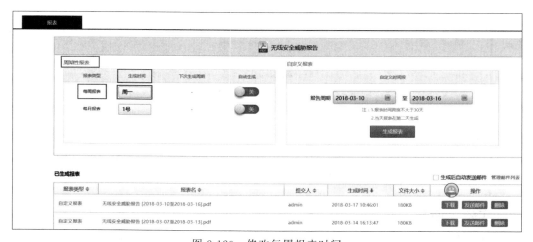

图 2-120　修改每周报表时间

(3) 在弹出的"生成时间"界面中,选择"周二"菜单命令,如图 2-121 所示。

(4) 可见"生成日期"由"周一"变为"周二","自动生成"由"关"变为"开",并被系统保存,如图 2-122 所示。

(5) 单击"周期性报表"功能中每月报表生成时间"1 号"按钮,如图 2-123 所示。

(6) 在弹出的"生成时间"界面中,选择"2 号"菜单命令,如图 2-124 所示。

图 2-121　修改每周报表生成时间

图 2-122　修改每周报表生成时间

图 2-123　修改每月报表生成时间

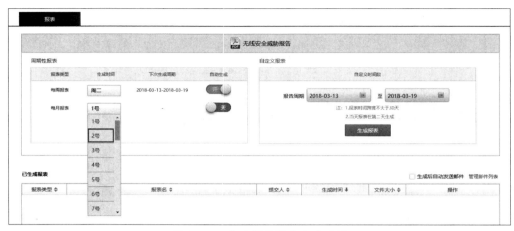

图 2-124 修改每月报表生成时间

（7）可见生成日期由"1 号"变为"2 号"，自动生成由"关"变为"开"，并被系统保存，如图 2-125 所示。

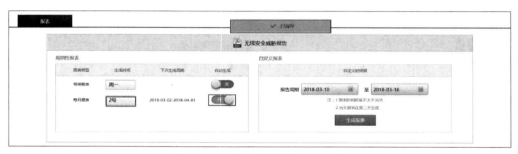

图 2-125 修改每月报表生成时间

（8）在"自定义报表"中修改报告周期时间，如图 2-126 所示。

图 2-126 生成自定义报表

（9）单击"自定义报表"中"生成报表"按钮，在下方已生成报表中生成新的报表，如

图 2-127 所示。

图 2-127　生成自定义报表

（10）在"已生成报表"中选择报表单击"下载"按钮，如图 2-128 所示。

图 2-128　下载已生成报表

（11）打开下载的报表，可见详细的无线安全状况。

2. 掌握无线入侵防御系统查看审计日志、监测日志的方法

（1）登录实验平台对应拓扑图左侧的管理机，在管理机中打开浏览器，在地址栏中输入无线入侵防御系统的 IP 地址 https：//192.168.0.1（以实际设备的 IP 地址为准），进入无线入侵防御系统的登录界面。输入管理员账号密码"admin/tianxun"和随机产生的验证码，按 Enter 键后登录无线入侵防御系统。单击面板上侧导航栏中的"日志"按钮，如图 2-129 所示。

（2）在"审计日志"模块可以看到"用户名称""操作类型""操作细节""IP 地址"等信息，也可以通过右上角查询区域和搜索功能，更具体地查找信息，如图 2-130 所示。

图 2-129　日志界面

图 2-130　审计日志

（3）在"审计日志"模块单击右上角"导出"按钮，可导出"审计日志"，如图 2-131 所示。

（4）双击打开本地导出的日志表格，可查看到总共的审计日志信息，如图 2-132 所示。

（5）单击"监测日志"按钮，可以看到"名称""属性""事件""MAC 地址""位置"，也可以通过右上角查询区域和搜索功能，更具体地查找信息，如图 2-133 所示。

（6）在"监测日志"模块单击右上角"导出"按钮，可导出"审计日志"，如图 2-134 所示。

（7）双击打开下载的日志压缩包，可见 sheet_1.txt，使用记事本方式打开，可见当前监测日志的详细信息，如图 2-135 所示。

图 2-131　导出审计日志

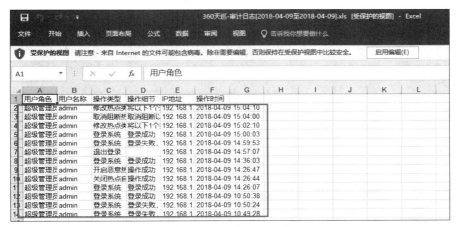

图 2-132　查看日志信息

图 2-133　监测日志

图 2-134 导出监测日志

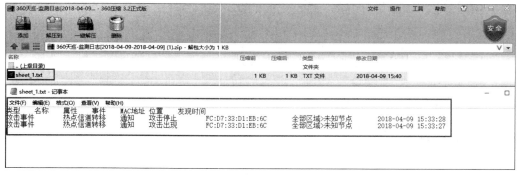

图 2-135 查看监测日志

【实验思考】

如何查询与导出设备日志?

图 书 资 源 支 持

感谢您一直以来对清华版图书的支持和爱护。为了配合本书的使用,本书提供配套的资源,有需求的读者请扫描下方的"书圈"微信公众号二维码,在图书专区下载,也可以拨打电话或发送电子邮件咨询。

如果您在使用本书的过程中遇到了什么问题,或者有相关图书出版计划,也请您发邮件告诉我们,以便我们更好地为您服务。

我们的联系方式:

地　　址:北京市海淀区双清路学研大厦 A 座 714

邮　　编:100084

电　　话:010-83470236　010-83470237

客服邮箱:2301891038@qq.com

QQ:2301891038(请写明您的单位和姓名)

资源下载: 关注公众号 "书圈" 下载配套资源。

书 圈

获取最新书目

观看课程直播